LE BERGER

OUVRAGE DU MÊME AUTEUR

LES OUVRIERS DE LA FERME

Le vacher et le bouvier. 2ᵉ édition, 1 vol. petit in-16, avec 23 figures.   50 c.

Coulommiers. — Imp. Paul BRODARD. — 456-98.

LE BERGER

Conduite du Troupeau et Dressage des Chiens

PAR

ERNEST MENAULT

Inspecteur général de l'Agriculture.

QUATRIÈME ÉDITION

PARIS

LIBRAIRIE HACHETTE ET Cie

79, BOULEVARD SAINT-GERMAIN, 79

1898

A LA MÉMOIRE

DE HENRI-ALEXANDRE TESSIER

Membre de l'Institut de France, de la Légion d'Honneur
des Sociétés d'Agriculture et de Médecine de Paris
du Jury d'instruction de l'Ecole vétérinaire d'Alfort, et Inspecteur
général des Bergeries de l'Etat
né à Angerville-la-Gâte (Seine-et-Oise), le 16 octobre 1741
et mort à Paris le 11 décembre 1837

HOMMAGE DE L'AUTEUR

PREFACE

Depuis l'instruction de Daubenton pour les bergers et pour les propriétaires de troupeaux, depuis le livre de Tessier sur les bêtes à laine et particulièrement sur la race mérinos, ouvrage qui contient la manière de former de bons troupeaux, de les multiplier, de les soigner convenablement en santé et en maladie, beaucoup d'autres ouvrages ont été publiés sur les moutons. Nous citerons particulièrement : le *Manuel de l'éleveur des bêtes à laine* par Félix Villeroy, le *Bouvier et Zoophile* par Boyard, les *Moutons* par Sanson, les *Bêtes ovines* par Ysabeau, le *Manuel de l'éleveur des bêtes à laine* par Roche Lubin, le *Traité complet de l'élevage et des maladies du mouton* par Bénion, etc.

Ces ouvrages, qui ont chacun leur valeur particulière, et dans lesquels nous avons puisé de précieux renseignements, ainsi que dans le livre de M. Grandvoinnet sur les bergeries, et dans les excellents articles de MM. Moll et Gayot, directeurs de l'Encyclopédie pratique de l'agriculture, ne sont pas écrits spécialement pour les bergers. Aujourd'hui que des races étrangères ont été introduites en France, que beaucoup de croisements ont été opérés, il importe que le berger soit au courant des nouvelles méthodes d'élevage et des nouvelles conditions économiques qui président à la direction et au développement des troupeaux. En un mot, il faut que le berger, qui a une partie importante de la fortune des cultivateurs entre les mains, soit assez instruit pour ne pas la compromettre ; il est donc utile qu'il ait à sa disposition un livre élémentaire résumant les connaissances indispensables à la pratique de son métier. C'est ce livre que nous avons essayé de faire, espérant qu'il pourra aussi être lu avec fruit par les cultivateurs qui n'ont ni le temps ni l'habitude de lire de gros ouvrages, espérant qu'il répondra aux vœux de la Société des agriculteurs de France, et des conseils départementaux qui ont demandé que dans les écoles primaires on propageât l'enseignement agricole par des livres élémentaires sur des sujets d'agriculture, espérant enfin qu'il pourra être admis à l'École de bergers qu'on vient de créer à Rambouillet, aussi bien que dans les fermes-écoles. Voilà le but que nous nous sommes proposé, le public dira si nous l'avons atteint.

Angerville (Seine-et-Oise), mai 1874.

LE BERGER

Le berger.

Rien n'est plus important pour un cultivateur que d'avoir un bon berger. C'est, en effet, le serviteur sur lequel pèse la plus grande responsabilité. Il a sous sa direction, sous sa surveillance immédiate le troupeau, source féconde de produits, s'il est bien conduit et bien soigné; mais aussi, cause de désastre et de ruine s'il est négligé. Nombreuses sont les qualités nécessaires à un bon berger. Échappant presque continuellement à la surveillance du maître, il importe qu'il soit honnête et qu'il aime les animaux, qu'il soit actif, prévoyant, patient et doux, car les bêtes à laine ont peu d'intelligence; il est difficile de les bien conduire, de les bien soigner. Il faut être attentif à leur donner leur nourriture à des heures réglées, à faire leur litière en temps utile, à enlever leur fumier à propos. Il faut que le berger ait quelques notions d'hygiène et de médecine vétérinaire pour prévenir les nombreuses maladies auxquelles les moutons sont sujets et pour savoir leur donner les premiers soins quand ils sont indisposés.

Souvent exposé au froid et à la pluie, obligé de sortir de sa cabane au milieu de la nuit, pour changer le parc de place et transporter les claies, le berger doit être robuste et, en certains pays, il doit être assez courageux pour défendre ses bêtes contre les attaques des loups. Il ne doit être ni trop jeune : il manquerait d'expérience ; ni trop âgé : il manquerait d'activité, et ses fonctions l'obligent à être actif. Enfin, une des qualités essentielles du berger est, selon Tessier, la mémoire. Il doit connaître tous les animaux qui lui sont confiés, et savoir les distinguer à certaines marques dans la couleur ou l'épaisseur de la laine, à une conformation particulière, à leur manière de marcher, de bêler, etc.

Quant à ses connaissances, elles doivent être d'autant plus étendues que le troupeau qui lui est confié est plus précieux, car, dans ce cas, il faut qu'il soit assez intelligent et assez instruit pour savoir conserver ou même augmenter, s'il est possible, les qualités qui distinguent son troupeau. Il est facile de comprendre que, pour avoir un berger possédant toutes les qualités dont nous venons de parler, il faut le choisir parmi les hommes sachant lire et écrire et ayant déjà une certaine expérience. Ces hommes sont de plus en plus rares, car, si les ouvriers sont devenus plus exigeants pour leur salaire, il faut malheureusement reconnaître qu'ils sont de moins en moins habiles, et que très-peu savent leur métier.

Il est vrai aussi, comme l'a fait remarquer Weckkerlin, que les mauvaises dispositions des bergers peuvent tenir au contrat qui les lie : c'est toujours une utile pratique d'éviter qu'en aucun cas l'antagonisme existe entre le devoir et l'intérêt. La vertu est belle, dit-il, mais la morale veut qu'on la mette le moins possible à l'épreuve et la bonne administration le veut encore plus : c'est une loi de justice que chacun profite du bien qu'il fait.

Dans les pays à troupeaux précieux, on l'a compris, mais de diverses façons. Il n'est pas facile, par contre, de s'expliquer en vertu de quel calcul d'économie mal entendue, certains cultivateurs diminuent les gages de leur berger en lui assurant le bénéfice des moutons morts de maladie, de telle sorte que celui-ci soit intéressé à ce qu'il en périsse beaucoup. Un tel mode de contrat constitue une excitation permanente à la malhonnêteté, il est par cela même immoral.

Aussi ne faut-il pas s'étonner que beaucoup de bergers ne s'intéressent pas à leur troupeau, que d'autres, poussés par de mauvais sentiments, maltraitent les bêtes qui leur sont confiées ou même leur donnent la gale.

On a vu des bergers faire mourir leurs moutons pour approvisionner leur ménage; d'autres s'entendre avec les bouchers auxquels ils vendaient les bêtes à condition qu'ils leur rapporteraient les peaux, pour faire croire au propriétaire que les moutons étaient morts de leur belle mort.

En d'autres endroits, pour économiser sur le salaire du berger, les cultivateurs lui permettent d'avoir dans le troupeau un certain nombre de bêtes qui lui appartiennent. C'est encore là une source d'abus. Les Anciens en avaient fait l'expérience : *Brebis de berger ne meurt jamais*, disaient-ils. Il est rare, en effet, qu'il ne puisse pas la faire passer au compte du maître.

Il faut savoir payer un bon berger : son traitement ne doit pas être moindre de cinq à six cents francs sans aucun accessoire éventuel ; mais il nous paraîtrait bon de stipuler en faveur du berger un tant pour cent sur tous les produits du troupeau au moment de sa vente. Le berger deviendrait ainsi associé en même temps que salarié. La solidarité des mêmes intérêts amènerait l'estime et l'affection réciproque du maître et de l'ouvrier, résultat moral et économique excellent.

Les attributions du berger, comme l'a fait observer Ysabeau, varient selon qu'il est aux gages d'une commune ou à ceux d'un particulier. Le berger communal n'a pas d'ordinaire une grande responsabilité : il mène les moutons de toute une commune au pâturage ; il en est moins le berger que le pâtre ; pourvu qu'il ne laisse point de moutons s'égarer, que le soir chaque lot rentre exactement à son domicile et qu'aucun dégât ne soit commis dans les champs voisins des pâturages communs par les moutons confiés à sa garde, ses principaux devoirs sont remplis ; les soins que réclament les moutons ne sont, pour ainsi dire, pas de son ressort. Si des agneaux naissent au pâturage, il doit immédiatement marquer les mères, afin que les agneaux soient remis sans erreur à qui de droit ; le reste ne le regarde pas. Souvent, dans les cantons où plusieurs communes se touchent, on voit des bergers communaux, ceux de quatre ou cinq communes, se rassembler sur un point du terrain livré au parcours des bêtes ovines ; là, ils causent, fument ou jouent aux cartes, sans oublier la boisson que chacun apporte à son tour. Pendant ce temps les chiens se promènent sur la limite que les moutons au pâturage ne doivent pas franchir, et le troupeau s'arrange comme il peut.

Un berger soigneux, qui prend intérêt à la prospérité de son troupeau, voit d'un coup d'œil combien de jours de vivres un pâturage d'une étendue quelconque peut fournir à ses bêtes; il les conduit de place en place, veille à ce que les plus forts n'empêchent pas les plus faibles de paître, et s'arrange de manière à tirer le meilleur parti possible des ressources du pâturage. Rien de tout cela n'est praticable quand la garde du troupeau est confiée au berger communal, lequel s'en remet à ses chiens du soin de le garder, ce qui donne lieu à un irréparable gaspillage. Dans une ferme à moutons, les devoirs du berger sont plus variés, plus étendus que ceux du berger communal. Ces devoirs diffèrent aussi selon les lieux et les races de moutons dont se compose le troupeau.

Races.

M. Sanson a fait remarquer que les bases qui caractérisent les races ont été jusqu'à ce jour si peu précises qu'on a créé des races pour ainsi dire à volonté; mais si l'on se fonde, au contraire, sur les signes caractéristiques des races, on reconnaît qu'elles sont très-peu nombreuses. La plupart des races de moutons sont, en effet, communes à toutes les nations de l'Europe occidentale; c'est, dit-il, une habitude à laquelle il faut renoncer de parler de

races anglaises, françaises, allemandes. Pour les
animaux, du moins, la race ne se confond pas avec

Race mérinos.

la nationalité. Au lieu de grouper les races de
moutons d'après les caractères de leur laine, carac-

tères qui sont loin d'être toujours précis et sûrs, M. Sanson, s'appuyant sur la conformation beaucoup plus fixe du crâne, divise toutes les races en deux grandes catégories : les *Brachycéphales* et les *Dolichocéphales*.

Expliquons ces mots.

Les *Races brachycéphales*, ou moutons à front large, ont les deux diamètres du crâne, longitudinal et transversal, sensiblement égaux. On les reconnaît immédiatement à la largeur de leur front, à l'éloignement de leurs yeux.

Les *Races dolichocéphales*, ou moutons à front étroit, ont le diamètre longitudinal du crâne plus grand que le diamètre transversal. Quelle que soit la forme de la face, ils ont le front relativement étroit et les yeux plus rapprochés que les moutons à front large.

Races dolichocéphales.

Les races qui existent en France appartiennent surtout à la grande classe des moutons à front étroit.

Et d'abord *les mérinos*, que nous considérons, aujourd'hui qu'ils sont si perfectionnés, comme une création française, offrent des caractères très-tranchés auxquels on les reconnaît immédiatement. Ils ont la voûte crânienne fortement arquée d'arrière en avant; le frontal saillant au milieu et pourvu de chevilles osseuses fortes qui ont disparu chez les sujets perfectionnés au point de vue de la production de la viande; les arcades dentaires sont peu saillantes; la face, de moyenne longueur, est épaisse, à profil arqué vers le milieu de l'étendue des os du nez.

La tête du mérinos, plus ou moins volumineuse suivant la variété à laquelle il appartient, est toujours pourvue de laine, au moins sur le crâne ; cette laine s'étend le plus souvent sur les joues et le front, de manière à couvrir les yeux, et parfois même jusque sur le bout du nez; chez les mâles, la peau du chanfrein présente ordinairement des plis transversaux ou des rides. et à partir

Brebis de la race de Mauchamp.

du menton sous la gorge, un pli longitudinal plus ou moins pendant appelé *fanon*, qui s'étend le long du cou jusque entre les membres antérieurs. Les cornes portent des sillons transversaux très-rapprochés et se terminent en pointe mousse et aplatie, après avoir fourni au moins deux tours de spirale, embrassant l'oreille qui est implantée bas, large et pendante. Tels sont les principaux caractères du mérinos, auxquels on peut ajouter ceux que fournit la toison, sur laquelle nous n'avons pas besoin d'in-

Race mérinos de Rambouillet.

sister. Parmi les mérinos, il y a une variété connue sous le nom de race de Mauchamp. Obtenue par
M. Graux, cette variété se distingue par la finesse
de sa laine, qu'on a qualifiée de soyeuse.

Le *Berrichon Solognot* appartient aussi à la
race des moutons à front étroit ; en voici les caractères distinctifs : crâne divisé longitudinalement
par un sillon médian qui se prolonge jusque sur
le frontal entre les deux arcades orbitaires peu saillantes, se continuant avec la voûte crânienne al-
longée et arrondie d'un côté à l'autre sans aucune
dépression ; front étroit à bosses latérales, presque
toujours dépourvu de chevilles osseuses ; face longue,
étroite, à chanfrein tranchant, dont le profil droit
et se continuant sans inflexion avec celui du front
est à peine curviligne à l'extrémité des os du nez.

La tête, chauve jusqu'à la nuque exclusivement,
est longue, pointue, relativement fine, avec une
bouche petite et un museau effilé. La toison, formée
de laine commune frisée en mèches pointues, s'étend
sur tout le corps jusque vers la moitié des jambes,

Type du Poitou, caractérisé par la petitesse de son
crâne fortement déprimé en arrière. Arcades orbitaires très-saillantes, frontal étroit et proéminent, à
cheville osseuse petite, implantée perpendiculaire-
ment et arquée en arrière ; face longue, étroite, à
chanfrein tranchant, dont le profil, rentrant au niveau des orbites, se relève ensuite en une courbe à
court rayon jusqu'à l'extrémité des os du nez.

La grosse tête du poitevin est entièrement chauve,
les oreilles plantées bas et dressées, la physionomie
stupide. La toison, absente sur la plus grande partie
d'un cou long, ne descend qu'exceptionnellement
au-delà de la moitié de la hauteur du corps ; les pa-

rois latérales et inférieures du ventre, ainsi que les membres, en sont dépourvues ; elle est formée de

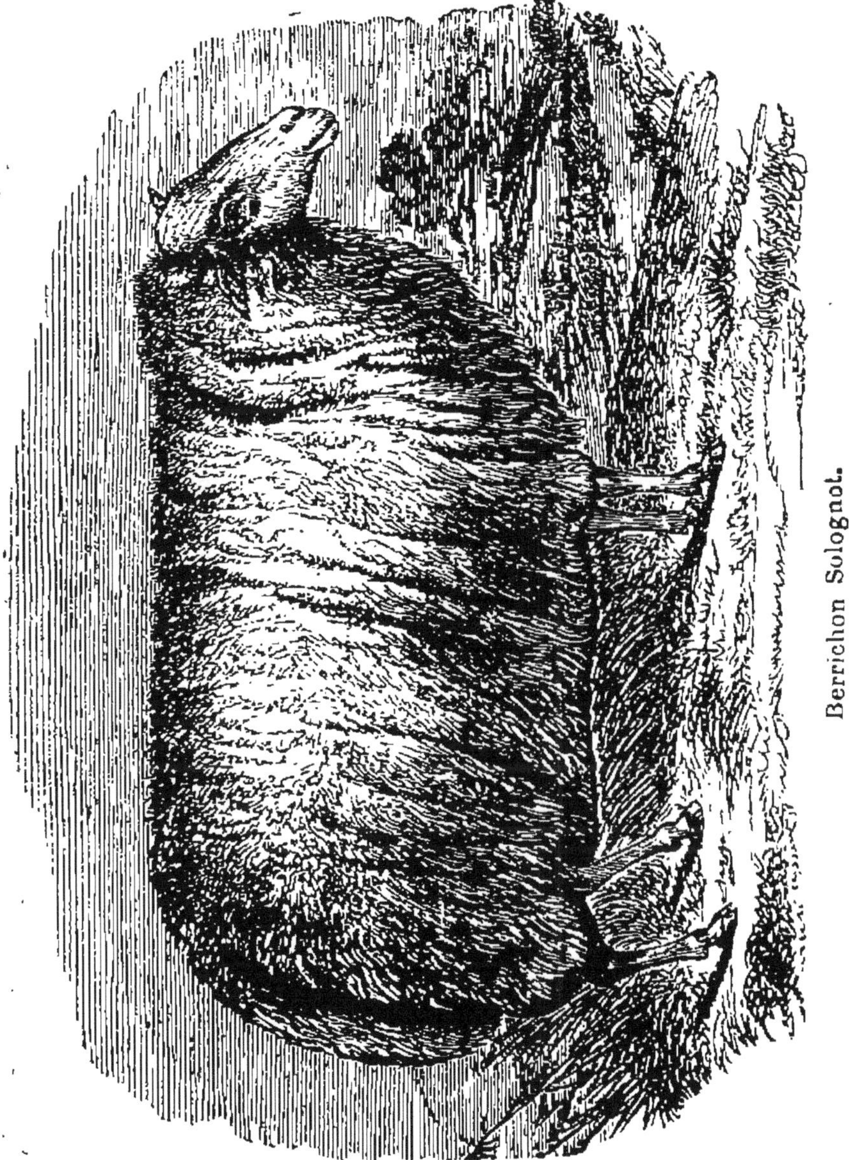

Berrichon Solognot.

laine frisée très-commune. Le mouton est grand et taillé pour la course.

Type des Pyrénées. Il est facile à reconnaître. Il a le crâne petit, le front court et très-arqué d'un côté à l'autre ; arcades orbitaires très-saillantes, chevilles osseuses implantées bas, dirigées obliquement sur le côté et faiblement arquées, leur pointe portant vers la face ; elles sont peu anguleuses et d'une épaisseur moyenne.

Brebis de la race Cottswold.

Face longue, tranchante, profil arqué depuis le sommet du front jusqu'à l'extrémité des os du nez.

Physionomie peu intelligente des têtes busquées, oreilles basses et éloignées des yeux, crâne pourvu de laine jusque sur le front. Toison formée de laine commune, même grossière et dure.

Type de Cottswold ou Glocester. Ce mouton

anglais est rangé par M. Sanson parmi les moutons à front étroit. En effet le frontal est court et fortement arqué. Les arcades orbitaires sont effacées, la face est longue, épaisse, le crâne allongé, presque aussi large à la partie inférieure qu'à la partie supérieure; profil arqué depuis le sommet du crâne jusqu'au bout du nez sans aucune inflexion au niveau des orbites.

La tête du Cottswold, avec son gros museau et sa grande bouche, lui donne une physionomie peu intelligente. Le crâne porte une sorte de toupet laineux qui s'avance en pointe jusque sur le front. Les oreilles larges et plantées bas sont tombantes. La toison abondante est très-blanche, en mèches pointues et bouclées. La taille est très-élevée. Ce mouton, en raison de sa rusticité et de la beauté de sa laine, est très-répandu en Angleterre.

Races brachycéphales.

M. Sanson range dans les races à front large les races anglaises suivantes : le Dishley, le New-Kent et le Southdown ; et un type français : le Limousin.

Le *Dishley* se caractérise par un crâne brachycéphale, fortement bombé, par un front proéminent, déprimé latéralement, en arrière de chaque arcade orbitaire très-saillante ; la face, de longueur moyenne, est large et pointue ou en cône court à profil du chanfrein faiblement curviligne.

Les moutons anglais de ce type n'ont pas de cornes. Le crâne est entièrement chauve jusque par derrière la nuque. La toison est formée de laine droite, grossière et très-longue, en mèches pointues et pendantes. La taille moyenne très-élevée.

Le *New-Kent*. Ce type ne diffère de celui du Dishley que par la forme du front, qui est arron-

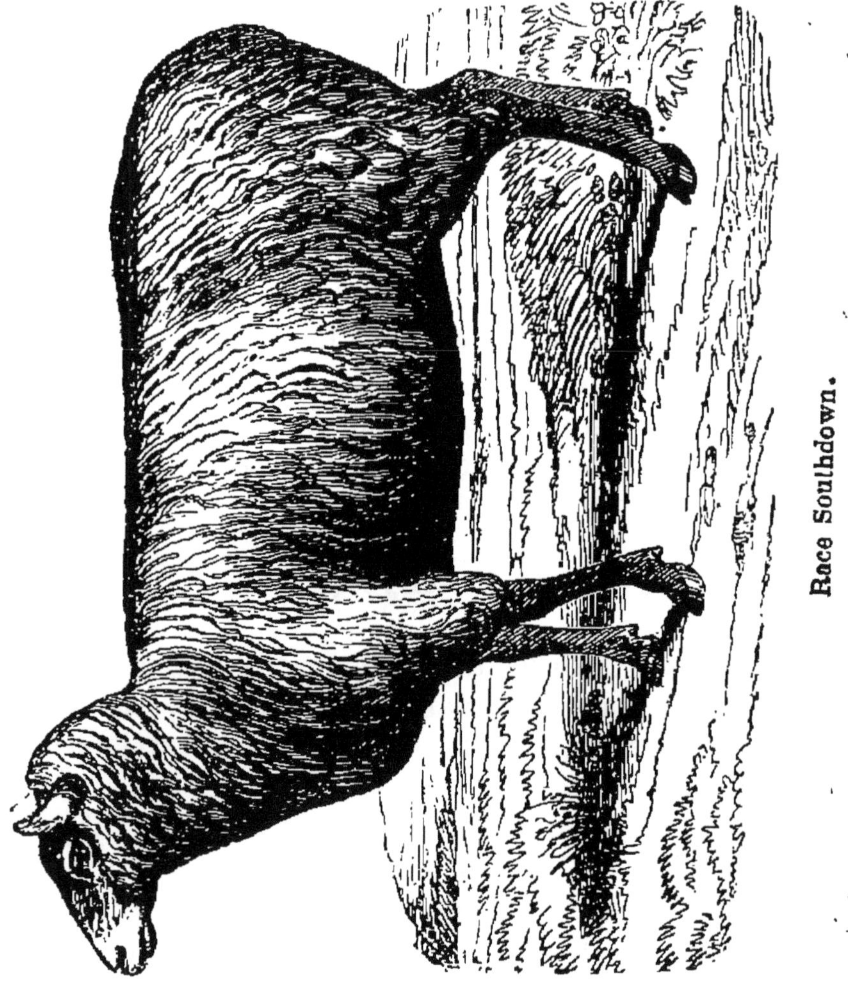

die sans saillie des arcades sourcilières ni dépression en arrière de ces arcades dans le crâne du dishley.

Le *Southdown*. Son crâne est le plus large

de tous ; il est faiblement bombé et sans dépression. Les arcades orbitaires, rapprochées des trous auditifs, sont saillantes ; la face large, épaisse et très-courte, conique, est à profil droit ; la ligne dès os du nez se continue sans inflexion avec celle du frontal. La tête a une physionomie particulière ; elle est courte, large en haut, les oreilles petites, implantées haut et dressées, le museau pointu et les joues fortes, souvent chauve ; elle est quelque-. fois encadrée de laine jusqu'au front et aux joues. La toison courte, frisée et plus ou moins tassée, s'arrête vers la moitié des pattes, qui sont, comme la tête de nuance foncée.

Type du Limousin. Ce type, essentiellement français est connu encore sous le nom de *Marchois*. Son frontal est fortement bombé et se continue avec les lignes du crâne. Les trous auditifs, rapprochés des orbites, paraissent bas. Au niveau des orbites, la ligne du profil forme un angle obtus et se continue ensuite droite jusqu'à l'extrémité du chanfrein qui est mince, étroit, et donne à la face courte une forme pyramidale. La tête est petite, pointue, à face mince, toujours chauve et souvent marquée de taches brunes plus ou moins foncées. La toison est grossière, au moins commune, peu tassée, mais frisée en mèches pointues, et peu pourvue de suint.

Croisements.

Ce n'est pas d'aujourd'hui qu'on a commencé à recourir aux croisements pour améliorer les races. Il y a un demi-siècle on a allié avec succès aux mérinos les races du Berri, de la Beauce, du Roussillon, alors que l'industrie manufacturière demandait à la France des laines fines et ondulées qui lui manquaient. Les conditions économiques ayant changé, les cultivateurs, voyant qu'ils avaient plus d'intérêt à produire de la viande que de la laine, se sont lancés dans les croisements ; beaucoup ont abandonné les mérinos qui avaient fait la fortune de leur père, les croyant sans profit pour eux ; ils les ont remplacés par les races anglaises dont le développement est plus rapide et la chair plus abondante. Dans le nord, on a croisé la race artésienne avec celle de Dishley. Dans le centre de la France, dans les plaines de la Champagne et la Bretagne, se sont propagées les races Southdown et de la Charmoise ; la race ovine solognote croisée avec la race Southdown a produit des métis qui lui sont supérieurs sous tous les rapports. Ces croisements sont aujourd'hui tellement à la mode, qu'il importe que le berger ait quelques notions sur ce système d'amélioration des races.

D'abord il faut qu'il sache qu'un croisement est l'accouplement de deux types différents. L'utilité du croisement consiste dans l'absorption d'une race ou d'un type spécifique de race par un autre type, et la production de métis améliorés dans leurs aptitudes.

Le métissage consiste à faire reproduire entre eux les produits de croisement ou les métis, ou encore un métis avec un sujet de race pure.

Le choix d'une race étrangère destinée à régénérer une race indigène exige beaucoup de discernement. De la préférence accordée à tels animaux résulte l'avantage qu'on peut trouver dans les croisements. Si l'on veut obtenir de la race choisie une plus grande aptitude à l'engraissement ou un accroissement des facultés lactifères, il faut que cette race possède l'une de ces deux qualités d'une manière bien marquée. Ainsi, le berger ne doit pas adopter au hasard une race étrangère. Avant de choisir, il faut qu'il étudie ses qualités, son tempérament et surtout ses défauts.

On s'est beaucoup engoué du croisement et du métissage. On a soutenu que les races anglaises introduites en France doivent régénérer nos races du nord, du centre et de l'ouest; mais, il ne faut pas l'oublier, pour que les qualités des races anglaises puissent se propager et se maintenir, il faut que les ressources fourragères des localités où elles seront importées satisfassent complètement aux besoins de ces animaux.

L'expérience le prouve chaque jour, les métis réduits à vivre dans la région du nord comme dans celle du midi sur des exploitations où les fourrages sont peu abondants, ne conservent que très-difficilement les signes de beauté, les caractères essentiels dont ils ont hérité.

En somme, nous croyons, comme M. Sanson, qu'on a été beaucoup trop loin dans cet ordre d'idées et qu'il y aurait peut-être autant d'intérêt à transformer nos excellents mérinos en bêtes à viande. Cela n'est point impossible, si l'on veut également les soumettre à une alimentation spéciale et au besoin user de la sélection. De même aussi pour nos races de montagnes et nos solognots, il y a intérêt à ne point les dénaturer; la plupart de ces moutons ne coûtent pas cher à nourrir et leur viande a plus de saveur que celle des bêtes anglaises, qui ont toutes été plus ou moins soumises à un engraissement forcé.

Nous allons examiner dans les différentes régions agricoles de la France quelles sont les différentes sortes de moutons. Nous conserverons les noms de races qu'on leur donne, afin que les bergers puissent comprendre les désignations nombreuses des races dans chaque région.

Région du Sud, comprenant les départements ci-après : Pyrénées-Orientales, Aude, Hérault, Ardèche, Drôme, Vaucluse, Basses-Alpes, Bouches-du-Rhône, Var et Alpes-Maritimes.

Cette région possède, dit M. Heuzé, un nombre considérable de bêtes à laine appartenant à diverses races souvent très-mal définies ; ce sont : 1° la race du Roussillon, 2° celle du Lauraguais, 3° celle du Larzac, 4° la race barbarine, 5° la race provençale, 6° la race arlésienne ou race de Crau, 7° la race du Vivarais, 8° celle du Dauphiné, 9° celle du Vence, 10° la race de Rogne.

Toutes les bêtes à laine de cette région du sud vivent pendant l'été dans la Camargue et sur les montagnes de la Provence, du Dauphiné, des Cévennes et du Roussillon. L'hiver, elles séjournent dans les plaines de la basse Provence, du bas Languedoc ou du bas Dauphiné. Ces conditions d'existence sont tout à fait différentes de celles du centre. Vers la mi-mars les troupeaux arrivent dans la Camargue pour y rester jusqu'à la Saint-Michel. A cette époque ils vont dans les vignobles du coteau de Saint-Gilles, qui s'étend depuis Beaucaire jusqu'à Aigues-Mortes. Lorsque, par exception, ils hivernent dans les parties non marécageuses de la Camargue, ils se rendent au printemps dans la Creuse, et à la fin de mai dans les montagnes des Alpes. Dans ce cas, le berger doit prendre certaines précautions. Il construit ui

parc avec des claies de saule ou des réseaux de
cordes de sparte appelées *confes*. Ces parcs sont
abrités par des brise-vents ou foures très-inclinés.
Le berger couche à l'abri de ces claies de roseaux.

La plaine de la Crau (*Craou* en provençal ou
champ pierreux, Bouches-du-Rhône) est un véritable désert africain ; une vaste étendue de cailloux

Brebis de la race de Larzac.

d'un aspect grandiose, mais triste parce que son
sol, qui est rougeâtre, est sans cesse desséché pendant l'été par un soleil brûlant. On n'y remarque que
des graminées, principalement le ray-grass vivace,
que les bergers appellent *margaou*, et quelques
chênes kermès rabougris. Des mas ou bergeries
basses, couvertes de roseaux récoltés dans la Ca-

margue, ou de tuiles rouges avec quelques arbrisseaux, existent çà et là comme perdus dans cette vaste plaine caillouteuse à surface un peu inégale et à sous-sol plus caillouteux encore ; puis quelques murailles peu élevées, construites avec les plus gros sistres ou cailloux, servent à abriter les bergers et les troupeaux contre les pluies et surtout contre la violence du mistral.

Cette immense solitude, cette véritable nature morte, a un circuit de 120 kilomètres, et elle nourrit pendant l'hiver près de 400,000 bêtes à laine, parmi lesquelles on distingue la race mérinos.

C'est ordinairement un mois après la descente des troupeaux des montagnes du Dauphiné, de la haute Provence, des Cévennes etc., que les premières pluies tombent et favorisent la végétation du margaou. Alors le pâturage est excellent, les bêtes à laine ne craignent pas de déplacer les pierres pour pouvoir manger l'herbe qu'elles ont abritée ; alors les bergers ne cessent de dire : bouchée fait ventrée, *boucao vao ventrado*. La basse Crau est voisine de la Camargue ; on y voit des prairies qui produisent la bauque, masse herbacée fournie par les carex, les joncs, les scirpes et qui croissent dans ces paluds humides et marécageux.

La transhumance constitue dans la région du sud une condition spéciale pour les troupeaux et les bergers. C'est à la fin de l'hiver, et après la tonte des animaux, que commence le départ des troupeaux pour la montagne. Cette transhumance, l'un des plus anciens fléaux de la Provence et de la région alpine, est régie par des statuts qui remontent à 1235 et 1442.

Lorsque les troupeaux doivent gagner les pâturages des montagnes, les bayles ou chefs bergers
se procurent des ânes de la Camargue, des boucs

La plaine de la Crau.

ou menons et des chèvres : les ânes portent les pro-
visions; les boucs, qui sont munis de clochettes
ayant des sons différents, marchent en tête et gui-

dent les troupeaux; les chèvres fournissent du lait pendant le voyage et la transhumance.

Quand les préparatifs sont terminés, on rassemble un certain nombre de troupeaux. Cette caravane comprend 10,000 à 20,000 têtes; on la nomme une campagne. Celle-ci est ensuite divisée en escabeaux ou scabois de 2,000 à 4,000 bêtes à laine. Chaque scabois est confié à un berger ou vaton ayant autant de chiens de la race du Mont-Saint-Bernard, qu'il y a de fois 400 bêtes. Toutes ces dispositions bien arrêtées, on procède à la curaille, à l'isolement des bêtes malades, et on fixe le jour du départ.

Lorsque le moment de partir est venu, on place les ânes, souvent au nombre de cent, au centre de la campagne. C'est aussi au centre de la caravane que se tient le quartier-général ou robbe des bayles.

Pendant les premiers jours, les animaux ne font que 8 à 11 kilomètres. Il faut que les chemins soient bons et la température très-convenable pour qu'une campagne puisse parcourir 20 ou 24 kilomètres par jour. Quand le robbe reconnaît, sur le rapport que lui font chaque soir les conducteurs, que les animaux sont fatigués, la caravane s'arrête dans un lieu convenable, et elle y séjourne. Si les troupeaux sont en marche par un soleil ardent, on fait stationner la campagne près des ruisseaux ou des étangs pour que les animaux puissent se désaltérer.

Dans le trajet de la plaine à la montagne, les troupeaux suivent les drayes ou carraires, chemins couverts de gazons qui sont affectés depuis plusieurs siècles à la transhumance.

Chaque soir, pendant les 18 ou 20 jours que dure la marche des troupeaux, les hommes et les animaux bivaquent en plein air; toutefois les bayles ont soin de faire resserrer les scabois. Lorsque les drayes ont offert une trop faible nourriture aux troupeaux, on y supplée par une ration de foin distribuée après l'arrivée au gîte.

C'est le bayle général qui surveille la marche de la campagne, donne les ordres, règle les différends et tient le registre des dépenses et des bêtes qui meurent. Chaque jour, un bayle précède le trou-

Bélier de la race des Landes.

peau pour préparer les repas et le campement, un autre suit la campagne et paye les dépenses et les dégâts que les troupeaux ont causés aux propriétés riveraines du parcours.

La transhumance est appelée un jour à disparaître sur les parties qui peuvent être reboisées, parce qu'elle nuit à la végétation forestière des montagnes ; mais elle n'en existe pas moins encore aujourd'hui et elle nécessite, de la part des bergers de la région du sud, des soins que n'ont pas besoin d'avoir ceux des autres régions.

Dans la région du Sud-Ouest qui comprend l'Ariége la Haute-Garonne, les Hautes-Pyrénées, les Landes, le Gers, la Gironde, la Charente, la Charente-Inférieure, la Dordogne, le Lot, Lot-et-Garonne, le Tarn et le Tarn-et-Garonne, on trouve un grand nombre de races ovines qui ne sont pas mieux caractérisées que dans la région précédente. Ce sont : 1° la race quercinoise ou race des Causses, qui vit exclusivement sur les pâturages, dans les bois et sur les collines et qui souvent parcourt dans la journée jusqu'à 10 kilomètres pour trouver sa nourriture : pour éviter que les animaux ne s'égarent, ils portent au cou une clochette ; 2° la race lauraguaise, dont les brebis bonnes laitières donnent souvent deux agneaux ; 3° la race pyrénéenne ; 4° la race landaise, très-rustique, à laquelle l'herbe rare et maigre des landes suffit, et qui, presque constamment dans l'eau, est néanmoins peu sujette aux maladies ; 5° la race ariégoise, qui a plus ou moins de sang mérinos, passe la belle saison sur les pâturages des montagnes du Comté de Foix et sur les hauts plateaux de la vallée de l'Ariége, où elle est connue sous le nom de race Saint-Gironnaise : on l'engraisse dans les vallées inférieures et dans les plaines ; 6° la race maraichine et la race de Champagne ; 7° la race mérinos croisée, la race Southdown croisée.

Les bêtes à laine de cette région forment, suivant les localités, des troupeaux plus ou moins considérables. Dans diverses contrées, on les confie à des enfants qui les gardent fort mal ; dans d'autres, ce

Vallée de Luz.

sont des bergers de profession qui les surveillent.

Les troupeaux qui, pendant la belle saison, errent de pâturage en pâturage dans les montagnes des Pyrénées, sont toujours précédés par un jeune berger qui appelle de la voix et aussi de la cloche tout animal qui s'éloigne ; le berger ou pâtre marche derrière ; souvent il est suivi par un aide muni d'un sac de sel orné d'une grande croix rouge.

Les bergers pyrénéens sont ordinairement accompagnés d'un chien appartenant à la race du pays. Ces chiens sont assez forts pour combattre contre les loups et les ours.

Les bêtes à laine qui vivent dans les landes de la Guyenne, sont surveillées par des pâtres montés sur des échasses. Ces bergers, si curieux par leurs costumes et la facilité avec laquelle ils se déplacent et traversent les landes brûlantes pendant l'été et inondées durant l'hiver, disparaissent d'année en année par suite du progrès de l'agriculture et de la diminution des terres de bruyères et des grands troupeaux de bêtes à laine.

En général, pendant la mauvaise saison, les troupeaux ne reçoivent comme supplément de nourriture que de la paille de seigle ou de froment.

La région de l'Ouest, ou région de bruyères, qui comprend la Vendée, la Loire-Inférieure, le Morbihan, le Finistère, les Côtes-du-Nord, l'Ile-et-Vilaine, la Mayenne, le Maine-et-Loire, les Deux-Sèvres et la Vienne, renferme un grand nombre de bêtes à laine appartenant à quatre races bien distinctes : la race des Landes, la race bocagère, la race de la plaine du Poitou, la race des marais ou race flandrine.

La vallée de Luchon.

M. Heuzé fait observer que les troupeaux de cette région ont réalisé bien peu de progrès depuis trente ans. Cela tient, dit-il, au peu de connaissance des cultivateurs dans la direction d'une bergerie. Ainsi, la plupart ignorent encore les soins que réclament les bêtes à laine et surtout les brebis et les agneaux au moment de l'agnelage. Il ajoute que la *gardiature*, qui est tout à fait vicieuse, a aussi contribué à retarder l'amélioration de ces animaux. Dans la plupart des localités, les troupeaux sont confiés à des jeunes filles qui se préoccupent avant tout de tricoter ou de filer le fil qu'on exige d'elles et dont la valeur doit couvrir leurs gages, ou à des enfants qui sont plus occupés de jeux ou de rapines que de la surveillance des animaux qu'on leur a confiés. Il serait difficile de remplacer ces gardiens par un homme. L'état de berger est méprisé dans l'Ouest, et c'est une honte pour un jeune homme de plus de quinze ans d'exercer cette profession. On a tenté à diverses époques et toujours sans succès de propager la race mérinos dans la région de l'Ouest. La race southdown a mieux réussi, elle forme çà et là des troupeaux très-remarquables.

Région du Nord-Ouest, formée des départements du Nord, du Pas-de-Calais, de la Somme, de la Seine-Inférieure, de l'Eure, du Calvados, de la Manche, de l'Orne et de l'Aisne.

Dans cette région, les conditions climatériques changeant, les soins à donner au troupeau seront encore différents; on y trouve un certain nombre de races plus ou moins caractérisées, mais plus généralement le mérinos et le métis-mérinos. Le département du Nord est le plus beau pays de culture de la France. Les moutons y sont peu nombreux, mais

Bergers dans les Landes.

énormes ; on y cultive encore le mérinos et le métis-
mérinos. Dans la Somme, on trouve les races picarde
et flamande à laine longue et grossière, mais très-
prolifique, et plus propre que bien d'autres à ce climat ; elles peuvent être croisées avantageusement
avec les moutons anglais Dishley.

Dans l'Eure, on entretient plus spécialement la
race métis-mérinos et la race cauchoise. Les troupeaux sont à la fois composés de mères d'agneaux,
de moutons et d'animaux d'engrais. Pendant l'hiver, à partir de la Toussaint jusqu'à la fin d'avril,
les troupeaux reçoivent à la bergerie du foin et des
regains de prairies artificielles, des pois et vesces
desséchés (paille et grain), de la paille de froment
incomplétement battue ; on y ajoute quelquefois des
carottes hachées.

L'été, les moutons prennent une partie de leur
nourriture dans les champs. Après la moisson, ils
vivent sur les chaumes durant plusieurs semaines,
grâce à la vaine pâture.

Dans la Manche, on trouve la race normande et
celle du littoral ou des falaises, la première mêlée
aux races anglaises ; la seconde, objet de moins de
soins, pâture sur les roches aux bords de la mer,
sur les grèves, partout enfin ; la viande de ces moutons est d'une extrême délicatesse et les gigots sont
souvent exposés à Paris sous le nom de *prés salés*.

Région des plaines du Nord, comprenant la
Seine, Seine-et-Oise, Seine-et-Marne, Marne, Haute-
Marne, Aube, Yonne, Eure-et-Loir. Les races de
moutons répandues dans cette région sont à peu
près les mêmes. Ce sont surtout les mérinos, métis-
mérinos croisés avec des races anglaises et des solognots ou autres races françaises. Cette région s'est

Un troupeau dans la Brie.

évidemment ressentie de l'influence de la bergerie de Rambouillet et des principes que Tessier a posés dans ses excellents ouvrages sur les bêtes à laine et dans son Instruction pour les bergers, mais il faut bien reconnaître que les bons bergers y deviennent assez rares et que les mérinos tendent malheureusement à disparaître. Les tentatives les plus remarquables de croisement et de métissage qui ont été faites sont les Dishley mérinos de la bergerie de M. Pluchet. D'autres cultivateurs ont uni les mérinos avec les southdowns. A Angerville, M. Minier obtient d'assez bons résultats de métissage entre les mérinos et les solognots. La race mérinos bien élevée et choisie fournit la laine la plus ondulée et la plus fine, mais elle est tardive et s'engraisse lentement.

La race southdown a la laine moins belle, mais plus longue et plus abondante. On la classe entre la laine mérinos et la laine Dishley. C'est cette race qui s'est propagée le plus rapidement en France; elle forme des troupeaux importants dans le centre, l'ouest et le sud-ouest de la France. Cette propagation a pour cause principale sa rusticité, sa sobriété, l'excellence de sa chair.

Cette région est, pour ainsi dire, la terre classique du sang de rate : aussi les bergers qui exerceront dans le département de la Seine, de Seine-et-Oise et de Seine-et-Marne et d'Eure-et-Loir, devront-ils se bien pénétrer des moyens qui peuvent prévenir cette terrible maladie. C'est dans le département de Seine-et-Marne qu'autrefois les bergers avaient 18 hectolitres de blé par an, 16 fr par mois et deux voitures de bois de chauffage et le cou des moutons tués, plus une partie de la graisse ; mais ils n'étaient ni logés, ni nourris ; leurs chiens restaient à leur charge.

Le mouton est la principale richesse animale du département de la Marne, les troupeaux sont nombreux dans chaque village, soit qu'ils restent sous la garde de bergers communs, soit qu'ils appartiennent particulièrement aux exploitations plus importantes.

Des règlements municipaux fixent le nombre des têtes que chacun peut envoyer au pâturage en raison de la contenance des terres possédées. — La règle générale paraît être par hectare d'une brebis et son agneau suivant.

A défaut de pâtures communales qui sont successivement vendues ou partagées entre les habitants, chacun laisse en friche une partie des terres qu'il ne peut plus fumer. Ces terres, connues sous le nom de savarts ou triaux, sont labourées tous les trois ou quatre ans pour donner une récolte d'avoine et servent ensuite au pâturage. L'herbe y est rare, mais excellente, les troupeaux y vivent en parfait état sinon d'engraissement au moins de santé ; c'est à ce régime qu'ils doivent la réputation qui les fait rechercher.

Dans la Haute-Marne le sol est très-humide : aussi les moutons sont-ils ravagés, comme en Sologne, par la cachexie. Leur nombre tend à diminuer, tandis que celui des bêtes bovines augmente. Cette même maladie règne dans l'Aube et elle est d'autant plus regrettable que les moutons originaires de Champagne croisés avec le mérinos s'étaient améliorés sous le rapport de la viande et de la laine.

Région des plaines du Centre. — Sarthe, Loiret, Loir-et-Cher, Cher, Indre-et-Loire, Nièvre, Indre, Allier.

La région des plaines du centre est très-variée.
Son sol dans certains départements a la sécheresse
de la Beauce, dans d'autres l'humidité de la Sologne,
et comme ces sols sont complétement différents, différentes doivent être les connaissances des bergers.
Le mérinos est le mouton des départements compris

Brebis de la race New-Kent.

dans la Beauce. Dans les départements de la Sologne
on n'élève que les races communes du Berry et de la
Sologne croisées avec le mérinos et le Southdown.
La race berrichonne domine encore dans l'Indre, on
y élève aussi dans quelques fermes des mérinos. Depuis quelques années les croisements les plus variés
ont été essayés. On a donné aux brebis berrichonnes

des béliers Dishley, New-Kent, Southdown et mérinos.

Le New-Kent avait produit les meilleurs résultats ; c'est par ce croisement que Malingié avait formé la race charmoise, mais l'alliance avec le Southdown est la plus répandue. Ces essais ont été entrepris par les fermiers étrangers et par les propriétaires. Moins riche, le cultivateur indigène s'est borné à l'amélioration de son troupeau, et il a demandé à la variété de Crévant des béliers plus forts, mieux soignés et soumis depuis longtemps à l'heureuse influence d'une nourriture plus succulente.

Dans l'Allier, la race ovine est petite mais rustique. Les croisements avec le mérinos ne réussissent que dans les contrées fertiles et saines. Dans certaines fermes, on a croisé les races indigènes avec les races anglaises.

Région des montagnes du Centre. — Haute-Vienne, Creuse, Puy-de-Dôme, Loire, Corrèze, Cantal, Haute-Loire, Lozère, Aveyron.

Comme dans tous les pays où domine le gros bétail, les moutons sont négligés dans certains départements de cette région. Ainsi dans la Haute-Vienne : ils ont cependant leur raison d'être sur les vastes terrains incultes des montagnes ; des enfants les gardent au milieu de ces solitudes ; la nourriture supplémentaire à l'étable pendant l'hiver est insuffisante ou même manque complétement. Il n'y a que quelques propriétaires qui aient de bonnes bergeries.

Dans le Puy-de-Dôme, l'espèce ovine est surtout élevée dans la montagne pour utiliser les pâturages qui ne peuvent être livrés à l'espèce bovine. Sur la chaîne du Puy-de-Dôme existe une race pure désiguée sous le nom de Rava, très-rustique, se contentant de maigres pâturages, mais dont la laine est grossière. Cette race, croisée avec celle du Quercy ou de la Corrèze, donne des métis dont la laine est plus fine et qui s'engraissent plus facilement. Dans le Cantal, on se livre à l'engraissement, et le cultivateur y trouve moins de risque et plus de profit. Les causses de l'Aveyron fournissent des moutons maigres et de forte taille (race de Larzac) aux cultivateurs qui disposent de bons fourrages pour l'engraissement. Dans les conditions moyennes, on trouve le mouton indigène ou encore le mouton des montagnes de la Margaride, appelé mouton des ruines ; sur les très-maigres pâtures on place le petit mouton du Quercy.

C'est surtout dans le pauvre département de la Lozère que les races de moutons sont petites. L'agriculteur se ressent à la fois de l'économie forcée qu'impose la misère et du manque de capital qui fait défaut au plus grand nombre. Les animaux de race petite vivent de privations comme leurs maîtres et se nourrissent soit sur des communaux, soit sur de maigres pâtures naturelles. C'est dans l'arrondissement de Marvejols qu'on trouve les moutons à toison noire, d'une taille plus petite encore que ceux des terres granitiques ; ils sont mal soignés, et cependant donnent une bonne viande. En raison de la rareté des sources, ils passent souvent plusieurs semaines sans boire ; on les fait paître alors avant la disparition de la rosée.

Région de l'Est. — Haute-Saône, Côte-d'Or, Doubs, Saône-et-Loire, Jura, Haute-Savoie, Savoie, Isère, Hautes-Alpes.

Cette région offre aussi bien des variétés dans

les races : cela s'explique du reste. Le département de la Côte-d'Or est un de ceux qui tirent le meilleur parti de l'élevage des moutons, on retrouve dans ce département les traces de l'enseignement Daubenton. La race dominante est le métis mérinos, de même dans la Haute-Saône. Les croisements Dishley mérinos, ceux de la race comtoise avec la charmoise ou le Southdown ont été essayés. La race suisse noire si féconde a été importée sur la ferme-école de Lahayevaux. On trouve dans la Saône-et-Loire des croisements mérinos, la race des ravats bourbonnais, les races communes à longue laine. La race camargue se voit dans l'Indre. C'est à l'engraissement des moutons que chaque cultivateur des Hautes-Alpes petit ou grand se livre, selon ses moyens.

En Savoie, on rencontre une véritable race de moutons qu'on réunit en troupeaux pour utiliser les pâturages les plus élevés des montagnes. Ces moutons, qu'on trouve en Tarentaise, sont petits de taille ; ils sont marqués uniformément d'une tache noire au bout du nez et à la naissance de la queue ; leur laine commune, de moyenne longueur, les abrite contre les rigueurs du froid, les pluies et les neiges souvent prolongées qu'ils ont à supporter pendant l'agnelage en plein air ; leur lait donne le fromage de Tignes. Dans l'arrondissement de Chambéry on élève des métis-mérinos à laine commune qui se font remarquer par leur fécondité et leur développement exceptionnels.

Dans la Haute-Savoie, l'espèce ovine se compose de métis-mérinos et d'une race thônoise dont l'existence nous paraît problématique. On essaye le croisement de la race commune indigène à laine longue et grossière, haut montée et parfois des troupeaux bourbonnais ou même berrichons importés avec la charmoise, le Dishley et le Southdown. Les moutons ne sauraient être bien nombreux dans un pays où les pâturages des montagnes sont couverts de neige de bonne heure à l'automne et très-tard au printemps.

Région du Nord-Est. — Meurthe, Moselle, Meuse, Vosges.

Les bêtes à laine de cette région n'offrent pas de caractères bien déterminés. Dans la Meurthe, elles se composent d'animaux de races ardennaise, allemande, suisse, mélangées par le métissage. Les essais de croisement faits avec les races anglaises, peu sensibles à l'humidité, ont donné de bons résultats; on a surtout employé les races Dishley et Southdown. Les croisements mérinos moins résistants conviennent moins bien au climat de la Meurthe, quoique cependant ils aient réussi à Nancy.

Les fermes ont, en général, un troupeau de 100 à 150 moutons, qui tantôt passe l'hiver à la ferme, tantôt n'y reste que pendant la saison où il est impossible de parquer. Il est extrêmement rare que les cultivateurs placés au milieu des villages aient un troupeau à eux; mais la plupart possèdent quelques moutons qui vivent sur la pâture avec le troupeau communal dont le parc appartient au berger, qui le loue à la nuit, au prix moyen de 2 fr. par cent d'animaux.

Dans la Moselle, les moutons sont de race métis-mérinos de petite taille, très-rustiques. Ils sont en assez grand nombre dans les localités à sous-sol calcaire.

Ce rapide aperçu sur les races ovines qui se rencontrent dans les diverses régions agricoles de la

Bêtes à laine dans la montagne.

France suffit pour faire comprendre qu'il faudrait
un gros volume, si l'on voulait décrire toutes les
connaissances variées que les différentes régions
imposent au berger. Tout le monde sait, en effet,
quelle est l'influence du climat, de la nature et de
la configuration du sol sur les animaux et aussi
celle de l'alimentation et des croisements. L'état
physique de l'atmosphère sous une zone déterminée augmente ou diminue les formes, la structure
des animaux et modifie leur tempérament. Ainsi,
les animaux qui vivent dans le sud de l'Europe
ont en général un poil fin et soyeux, leur consistance est plus vigoureuse et leur existence est
d'une durée un peu plus longue ; les muscles sont
plus gros, plus énergiques, les os sont plus petits
et plus denses ; les cornes sont sèches, plus longues, plus étroites, quoique les animaux paraissent
être de la même nature que ceux des contrées humides. C'est qu'ici non-seulement les plantes ont
une certaine harmonie sympathique avec le climat
et plus d'homogénéité avec le tempérament des
animaux, mais sous un moindre volume elles
produisent des effets plus sensibles. Les climats
ne sont pas seulement doués de facultés prépon-
dérantes sur la vie des animaux à cause de leur
froidure. L'humidité de l'atmosphère agit aussi
immédiatement sur tous les êtres organisés qui
vivent sur terre, de même aussi les transitions
atmosphériques. Tous les animaux quels qu'ils
soient éprouvent des impressions s'ils passent rapidement d'une température sèche et élevée à une
température froide et humide, et ces modifica-
tions peuvent être mortelles, si les soins et l'intelligence du berger ne contribuent pas à rétablir

promptement l'équilibre entre l'organisme de la vie et les principes vivifiants au milieu desquels les animaux doivent vivre librement. Toutefois, il faut distinguer l'état physique et l'âge des individus, qui peuvent éprouver les transitions brusques de température. Lorsque les animaux sont arrivés à l'âge adulte et que leur organisation est parfaite, ils sont généralement peu affectés de l'inclémence persévérante des saisons. Mais il n'en est pas ainsi lorsque les individus sont encore jeunes ou que leur constitution est délicate. Ils demandent de la part du berger des soins nombreux, des nourritures particulières et souvent même des locaux spéciaux pour que leur organisation n'éprouve point d'altérations sensibles.

Quant aux influences du sol, elles ne sont pas moins réelles. En général, les animaux qui vivent sur les terres argileuses humides ont une grande taille, un tempérament plutôt lymphatique que sanguin, peu d'énergie et de vigueur ; la laine des moutons est longue, lisse, grossière, sans élasticité, quoiqu'elle soit très-abondante. Ces animaux ne vivent pas très-longtemps sur ces terrains ; ils contractent aisément la pourriture et s'y engraissent assez difficilement. Les moutons mérinos et Leicester ou Dishley ne peuvent y réussir avantageusement.

Les sols calcaires sont les terrains par excellence pour la multiplication et l'entretien des bêtes ovines, qui ne sont pas grandes, mais sanguines, dont les toisons sont fines et tassées ; les légumineuses et les graminées qui tapissent la superficie de la terre empêchent que les unes ne soient affectées de la fluxion périodique et que les autres ne contractent la cachexie aqueuse. Mais les moutons peuvent y contracter le sang de rate et le piétin quand la saison est humide.

Les sols siliceux nourrissent des animaux d'un tempérament excellent, quoique le pâturage soit moins abondant que sur les terrains argileux. Les bêtes à laine y ont toujours une petite taille, une laine courte, mais une chair très-savoureuse.

L'élévation et la position des lieux influent aussi sur les animaux. Sur les coteaux, les moutons sont encore de petite taille, mais, ils sont rustiques et assez robustes pour résister utilement aux alternatives du froid et de la chaleur : ainsi vivent les races de l'Auvergne et des Ardennes.

Dans les vallées, les moutons sont plus grands, les provinces de l'Artois, de la Normandie, de l'Anjou nourrissent des races ovines qui se distinguent des races françaises par la supériorité de leur taille et la grossièreté de leur laine, mais tous ces moutons n'ont ni l'énergie, ni l'agilité des animaux élevés dans les plaines. Nous voudrions déveloper davantage ce sujet, mais nous ne pouvons dans un livre destiné aux bergers qu'exposer les principes généraux qui les aideront à mieux comprendre ce qu'ils auront appris par la pratique dans le pays où ils auront exercé, et les mettre à même, s'ils vont dans une autre région, de connaître plus vite comment ils devront modifier les soins qu'ils auront à donner au troupeau.

Apprentissage du berger.

Les auteurs s'accordent à dire qu'il faut, autant que possible, choisir pour aide ou apprenti berger un fils de berger. Il est certain que l'enfant qui aura dès sa jeunesse suivi un troupeau, s'il a un tant soit peu de naturel, aimera les animaux et apprendra à les bien soigner, à les conduire doucement, à s'en faire obéir rien qu'à la voix, sans avoir besoin de leur députer continuellement le chien qui les excite et les fatigue.

Quant aux propriétaires de troupeaux de prix, s'ils désirent avoir de bons bergers, ils feront une dépense utile et judicieuse en plaçant un jeune domestique intelligent dans une grande ferme bien tenue où il s'exercera sous la direction d'un bon berger, ou encore en l'envoyant à l'École des bergers de Rambouillet. Là il apprendra la théorie et la pratique de son métier, et rendra ensuite les plus grands services à son maître.

Vêtement du berger.

Dans son instruction pour les bergers, Daubenton dit que les bergers doivent avoir un bonnet qui puisse se rabattre sur le visage et sur le cou, et qu'il soit doublé d'une peau d'agneau ; une casaque doublée de peau de mouton, des guêtres doublées de même pour empêcher la pluie de pénétrer dans les sabots, des moufles de peau d'agneau aux mains. Ces précautions sont bonnes pour les contrées froides, mais dans le midi de la France elles pourront être modifiées. Du reste, aujourd'hui, le berger s'habille comme il l'entend. Ce qui lui convient le mieux c'est un chapeau de feutre à larges bords, de fortes bottes, une bonne limosine quand il fait froid, des moufles chaudes : avec cela il peut braver l'hiver.

Instruments du berger. — Autrefois, tous les bergers avaient une houlette qui leur servait à lancer des mottes contre les chiens, pour les faire obéir ; ils en usaient également contre leurs bêtes, en été seulement, pour ne pas les fatiguer, évitant ainsi les poursuites du chien. Les bergers employaient aussi le fouet pour réveiller les animaux au milieu de la nuit quand il s'agissait de changer le parc.

Aujourd'hui, le bâton a remplacé la houlette, quoique ne pouvant remplir la même fonction ; il sert d'appui et de défense : aussi doit-il être assez gros et d'un bois dur. Le berger porte ordinairement, suspendue à son cou, une panetière ou besace, dans laquelle il met sa nourriture, sa lancette et son couteau. Ces deux instruments lui sont indispensables, car une saignée, faite à propos, peut sauver la vie d'un mouton, et, en cas de mort, il est bon qu'il le dépouille immédiatement et en emporte la peau avec lui.

Daubenton recommandait aux bergers d'avoir toujours une petite boîte d'onguent pour la gale ; mais, aujourd'hui que cette maladie et son traitement sont mieux connus, cette précaution est devenue inutile.

Au parc, le berger, dans les pays où l'on peut craindre les loups, doit être armé ; son fusil est accroché dans sa cabane, il habitue ses moutons au bruit de son arme, et quand il a besoin de s'en servir contre les ennemis du troupeau, celui-ci n'est point effrayé.

Cabane du berger. — La cabane du berger que nous retrouverons dans l'équipage du parc est d'une extrême simplicité ; elle doit être légère, afin que le berger puisse la déranger sans peine à lui seul quand cela est nécessaire : à cet effet, elle est construite en sapin et n'a qu'un mètre de large sur deux mètres de longueur. Elle n'a d'autre entrée qu'une petite porte pratiquée dans sa face antérieure ; elle doit être couverte de zinc pour mieux résister à l'action de l'eau et mieux abriter le berger.

Les chiens de berger.

Le chien est le premier ministre du berger. Il exécute toutes ses volontés, il maintient le troupeau dans la légalité, il rappelle les délinquants à l'ordre, avertit de la voix celui-ci, mord quelquefois celui-là. Il est ministre, préfet de police et garde champêtre. Pour remplir tant de fonctions, il importe qu'un chien soit intelligent.

Dans une leçon faite au concours régional agricole de Bourges en 1897, nous avons cherché à établir l'historique des chiens de berger. Cela n'est pas facile. Les auteurs latins donnent des renseignements vagues. Les chiens de berger à cette époque sont surtout des animaux destinés à protéger les troupeaux contre les loups.

Terentius Varron décrit les qualités physiques du chien de berger. C'est un chien de garde, il doit être robuste et avoir le poil blanc, pour qu'on puisse facilement le distinguer des bêtes fauves dans l'obscurité de la nuit.

Columelle veut aussi que ces chiens soient robustes, prompts et dispos, et de couleur blanche. Dans le *Bon Berger*, Jehan de Brie indique comment on doit habituer un chien à ne prendre les brebis que par l'oreille.

Charles Estienne entend que le « père de famille fasse estat » d'avoir trois sortes de chiens :

L'une qu'on appelle chien de garde contre les secrètes embûches des larcins de l'homme ;

L'autre qu'on appelle *chien de berger*, pour résister aux outrages des hommes et bêtes sauvages et les repousser.

Le chien de berger doit être tant gros et pesant que celui de la métairie fort et robuste, et aucunement prompt et léger, car on le prend pour combattre et pour courir, attendu qu'il doit guetter et chasser les loups. Il veut aussi qu'il soit blanc.

Pour Buffon, le chien de berger est celui qui se rapproche le plus de la race primitive. On les appelle en France communément chiens de Brie. Ce chien primitif transporté dans des climats tempérés et chez des peuples policés, en Angteterre, en France, en Allemagne aurait perdu son air sauvage, ses oreilles droites, son poil rude, épais et long, et serait devenu dogue, chien courant et mâtin par la seule influence de ces climats.

Daubenton reprend la thèse de Buffon, et il insiste sur ce que la forme du museau est le trait le plus marqué de la physionomie des chiens de chaque race et le caractère le plus décisif pour les distinguer. Voici la description qu'il fait des chiens de berger. La taille de ces chiens est au-dessous de celle des mâtins, des grands danois. Ils ressemblant beaucoup aux mâtins par la forme de la tête et du museau, qui sont plus grands qué dans les lévriers et plus minces que dans les danois.

Les chiens de berger ont les oreilles courtes et droites et la queue dirigée horizontalement en arrière ou recourbée en haut, et quelquefois pendante ; le poil est long sur tout le corps, à l'exception du museau et de la face extérieure des jambes de derrière. Le noir est la couleur dominante de ces chiens : les jambes et la queue ont plus de fauve que de noir. Il y a aussi deux taches de couleur fauve au-dessus des yeux et quelques teintes de cette même couleur sur le museau. On appelle les chiens de cette race chiens de berger parce qu'on les emploie à la garde des troupeaux. Ce type se rapproche du chien de Beauce à poil long. Dans le Cours d'agriculture de l'abbé Rozier, 1809, on signale deux sortes de chiens : Pour les pays de plaines, le chien de Brie ; ses oreilles sont courtes et la queue dirigée horizontalement ou recourbée en haut ou quelquefois pendante, son poil long sur tout le corps ; le noir est la couleur dominante. Pour les pays de bois et de montagnes, les bergers devront joindre aux chiens de Brie des défenseurs plus robustes, des mâtins de forte race.

En 1810, Tessier, dans son ouvrage *Instruction sur les bêtes à laine*, fait connaître deux sortes de chiens de berger : les uns gros et vigoureux, destinés à écarter les ours et les loups ; les autres petits, mais vifs, ardents et plein d'intelligence ; ceux-ci font mouvoir les bêtes à laine.

On reconnaît dans cette désignation le chien de Beauce et le chien de Brie.

On admet aujourd'hui des chiens de Beauce, de Brie, du Languedoc, de la Crau ou des Pyrénées.

Parmi les chiens de Beauce on distingue les chiens à poils longs et ceux à poils courts.

Nous décrirons ici le chien de Brie et le chien de Beauce, qui sont très répandus dans le centre de la Beauce et que nous connaissons particulièrement.

Caractères du chien de Beauce et du chien de Brie adoptés par la commission spéciale du chien de berger, dont M. E. Boulet est le dévoué président.

CHIEN DE BEAUCE

Tête : à poil ras.

Poil du corps : plutôt gros, court, presque ras.

Oreilles : droites si elles sont coupées, droites recourbées du haut si elles sont laissées naturelles.

Ergoté double aux deux pattes de derrière.

Queue entière formant le crochet à l'extrémité.

Taille : 0^m60 à 0^m70.

Chien solide, bien charpenté, bien musclé.

Couleurs : noir avec ou sans taches feu ou fauves à la tête et aux pattes ; fauve ; gris ; gris avec taches noires.

(Les chiens marqués de feu aux quatre pattes sont dénommés « Bas rouges »).

CHIEN DE BRIE

Tête : garnie de poils formant moustaches et sourcils laissant l'œil à découvert ou le voilant très légèrement.

Poil du corps : long, laineux.

Oreilles : droites si elles sont coupées, droites recourbées du bout si elles sont laissées naturelles.

Ergoté double aux deux pattes de derrière.

Queue entière formant le crochet à l'extrémité.

Taille : 0^m55 à 0^m65.

Chien solide, bien charpenté.

Couleurs : gris noir ardoisé ou noir parsemé de quelques poils blancs ; gris fer ; gris fauve.

Pour nous, le *chien de Brie* a tous les signes d'un animal fort intelligent : front proéminent, tête développée en tous sens, contenant un cerveau relativement volumineux; visage couvert de longs poils, formant d'épais sourcils sous lesquels brillent, comme un ver luisant dans une touffe d'herbes, des yeux clairs, limpides et rayonnants, dominés à l'arrière par des oreilles droites, fortement écartées en raison de la largeur du front; ces oreilles, ces yeux sont tout pleins d'intelligence et d'attention, ils attendent une parole, un geste, un signe pour agir et accomplir avec une précision merveilleuse l'ordre donné.

Le nez légèrement relevé, les narines dilatées lui donnent un air éveillé, curieux. Il a des moustaches, des favoris négligés sans doute, mais lui imprimant le caractère distinctif d'un chien à barbe : il tient en effet du barbet.

Son corps, de grosseur moyenne, harmonieux dans ses formes, est revêtu d'un pelage long, laineux, parfois réuni en mèches feutrées, de couleur gris noir, ardoisé, gris fer, gris fauve, gris clair avec ou sans mouchetures, est terminé par une belle queue bien fournie, relevée à son extrémité et lui servant de balancier, l'aidant à opérer toutes sortes de mouvements.

Pas très élevé sur pattes, il n'est pas taillé pour la course rapide et prolongée, il n'est guère organisé pour l'attaque, ni pour la défense.

Quand il est tenu proprement, qu'il est bien lavé et peigné, le chien de Brie a un certain air de distinction, tout dans sa figure respire la douceur et inspire la sympathie.

Considéré d'après la manière dont il accomplit

sa tâche, le chien de Brie est celui qu'on a décrit sous le nom de coureur, allant et revenant sur ses pas, toujours sur le côté du troupeau. Si le troupeau pâture sur un champ vide près d'un autre champ qui lui est interdit, le coureur ne cesse pas de parcourir la ligne que les bêtes ne doivent pas franchir.

En 1863, à l'exposition de la race canine au Jardin d'acclimatation, c'est une chienne briarde appelée Charmante qui a remporté le prix d'honneur.

Certes, jamais chienne n'a mieux mérité son nom. Sa tête, son corps, ses membres, sa marche, sa douceur, son élégance, son féminisme, la distinguaient absolument de la race beauceronne.

Le chien de Beauce. — Par sa tête, par son poil, par sa robustesse, le chien de Beauce ressemble au loup : il serait, en effet, un loup transformé, domestiqué, civilisé. Il n'a pas le front proéminent du briard, ni sa face ramassée.

Son front est plus fuyant, il est dans la direction de son museau, long et pointu. Ses oreilles droites, sont aussi légèrement inclinées en avant.

L'œil, placé obliquement suivant le nez, est plus déterminé et le regard plus ardent que celui du briard ; son geste est aussi plus vif, plus énergique, il indique plus de courage et de volonté.

L'œil, l'oreille, le nez, tous ces organes concourent à une action plus rapide et plus vigoureuse. Le chien de Beauce est organisé pour attaquer, déchirer et pénétrer profondément dans le corps de l'ennemi du troupeau. Il est haut sur pattes, élancé, les muscles du cou et de la mâchoire sont plus forts ; toute la partie antérieure est plus robuste ; son poil, moins long, moins soyeux que celui du briard, le rapproche encore du loup ; il est dur, grossier, il n'a pas le sous-poil duveteux. Sa couleur est gris jaunâtre mêlé de noir, plus sombre d'aspect, plus sauvage que celui du briard.

Et cependant, si on le regarde gravement assis sur son derrière, les pattes de devant allongées, bien appuyées sur le sol, le chien beauceron a quelque chose de sculptural ; c'est l'image de la force au repos, sûre d'elle-même ; c'est lui qu'on a désigné sous le nom de pointeur.

On le représente couché aux pieds du berger ou dans la raie d'un champ que les bêtes ovines ne doivent pas dépasser, les yeux demi fermés. Il a l'air de sommeiller, mais que le berger prononce son nom et lui fasse un signe ou qu'il voie une bête dépasser la limite, alors il s'élance comme un trait et les délinquants sont promptement rappelés à l'ordre.

Les chiens beaucerons se font obéir sans tourmenter les bêtes. Ils sont admirables à voir près de leur maître, la tête haute, l'œil animé, attendant l'ordre du berger.

Forts et vigoureux, ils sont les gardiens du troupeau contre les ennemis, tandis que les briards sont plutôt les gardiens des propriétés contre le troupeau.

L'intelligence, l'activité, l'obéissance du chien beauceron sont proverbiales, et il est aussi sobre que laborieux. Ses dispositions à garder les troupeau sont le résultat de l'hérédité.

On considère que le chien de Beauce est un ancêtre du chien de Brie, qui est né du croisement d'un beauceron et d'un barbet. M. Reul est convaincu que la race du chien de berger de Beauce descend sans nul doute, comme la plupart de ses congénères européens, du *canis palustris*, de Rutimeyer, c'est-à-dire du chien des tourbières marécageuses, encore appelé chien sauvage d'Europe, dont les débris de squelette ont été trouvés si abondamment en Suisse, dans les habitations lacustres contemporaines de l'âge de la pierre polie.

Domestiqué, le chien primitif d'Europe, le chien des tourbières, fut utilisé d'abord pour la garde des maisons, puis pour celle des troupeaux.

Le chien de Beauce peut, comme le briard, garder et conduire un troupeau de moutons. Il peut, ce que ne saurait faire le briard, défendre un troupeau contre les loups. Et ce n'est pas de lui qu'on a pu dire qu'il aboie seulement au loin.

Le chien beauceron peut encore, grâce à sa force, devenir chien de vacher, savoir conduire un troupeau de bêtes à cornes, voire même une bande de cochons, ce qui est très difficile.

La bergerie.

Il importe extrêmement que le berger ait le plus grand soin de tenir sa bergerie propre et aérée pour remédier aux vices de construction qui sont encore fréquents et aussi parce que les moutons vivant en troupe plus ou moins nombreuse subissent l'influence encore mal déterminée, mais certaine, de l'agglomération, et enfin parce qu'on est obligé pour leur entretien et leur reproduction de les maintenir enfermés plus longtemps que la plupart des autres animaux.

M. Grandvoinnet a parfaitement résumé dans son ouvrage sur les bergeries les conditions hygiéniques qui font qu'un animal se conserve en bonne santé dans le bâtiment qu'il occupe.

Il doit avoir une place suffisante pour que ses mouvements soient libres et qu'il puisse reposer sans être gêné par ses voisins.

L'air doit être constamment renouvelé.

La lumière doit être assez abondamment répartie non-seulement pour les besoins de la vie, mais pour les soins à donner et la surveillance à exercer.

L'abri contre la pluie ou la couverture doit être efficace.

La protection contre le froid doit être suffisante.

Les moutons doivent être mis à l'abri de l'humidité qui pourrait se produire par l'ascension de l'eau d'un sol humide.

L'entrée et la sortie des animaux doivent pouvoir se faire sans accidents.

Enfin, les divers âges et les sexes doivent pouvoir être séparés, ainsi que les animaux d'engrais.

La place minimum nécessaire à un mouton dans une bergerie dépend d'abord de la race ; en effet, tandis que certains moutons solognots ont à peine 65 cent. de long, on rencontre des picards et des flamands qui ont jusqu'à 1^m,55.

Dans la même race, la place occupée dépend de la fonction ; une mère pleine ou suitée exigera beaucoup plus de place qu'une brebis à l'engrais et celle-ci moins qu'un bélier.

En général l'espace attribué à chaque mouton

est de 42 à 50 cent. de large sur 1^m,90 à 2 mètres de longueur lorsque la bergerie doit être très-confortable. Si la plus grande économie est exigée, on peut adopter sans crainte une moyenne de 40 cent. sur 1^m,65 ou 66 cent. carrés.

Chaque animal a besoin par heure d'une certaine quantité d'air pur employé dans les poumons ; cette quantité peut être déterminée exactement à priori. Elle est à peu près proportionnelle au poids vif de l'animal et à sa ration alimentaire. Pour un mouton, il faut compter sur 1 *mètre cube d'air environ par heure.*

Quelque hauteur que l'on donne à la bergerie, au-dessous de 12 mètres le cube d'air sera donc toujours insuffisant, si, par un moyen quelconque, il ne se renouvelle pas constamment. C'est pourquoi les bergers ne sauraient trop avoir recours à la ventilation.

En général, on ménage trop les ouvertures dans les bâtiments ruraux, non-seulement par une économie assez mal entendue, mais encore dans l'espoir d'accélérer l'engraissement.

L'air et la lumière doivent être dispensés très-largement aux bêtes d'élevage surtout ; pour les bêtes à l'engrais on modérera à volonté la ventilation et l'éclairage, mais sans jamais les supprimer complètement.

Ce que nous ne saurions trop recommander aux bergers, c'est de tenir leur bergerie bien propre, d'enlever le fumier sitôt que l'odeur commencera à être forte, en été surtout, de renouveler souvent la litière.

Nous n'insisterons pas davantage sur la construction des bergeries : ce serait sortir de notre cadre.

nous renvoyons au traité spécial de M. Grand-voinnet.

Nous ferons seulement observer que la bergerie doit être divisée intérieurement en plusieurs parties destinées à séparer et à nourrir à part chaque nature de bêtes. Si l'on a des moutons à engraisser, ils doivent être seuls ; si c'est un troupeau d'élèves, les béliers sont dans un compartiment, les antenais dans un autre, les brebis portières dans un autre.

Il doit y avoir dans la bergerie au moins un baquet d'eau renouvelée tous les jours.

Mobilier de la bergerie.

Si l'on veut avoir un berger qui prenne goût à bien soigner ses animaux, il importe de lui donner tout ce dont il a besoin, surtout quand le troupeau est un peu important. Selon Villeroy, il lui faut un coffre à avoine avec un crible et deux mesures : l'une de 1 litre, l'autre de 5 litres; un coupe-racines; une auge dans laquelle on fait les mélanges ; une caisse oblongue à deux poignées avec laquelle on distribue dans les mangeoires le fourrage coupé : elle contient environ 20 litres ; deux seaux, une bêche à couper le foin, une lame fixée à un pilier pour couper la paille.

Il est certain que dans les fermes bien tenues, où il y a un nombreux troupeau, tout ce mobilier peut être utile, mais dans toutes les bergeries des fermes ordinaires on ne trouve point ce luxe de mobilier, et, à la rigueur, on peut s'en passer. On n'y voit que des auges ou mangeoires destinées à recevoir les racines coupées, les pulpes seules ou mélangées, les tourteaux, la paille hachée et, en général, tous les aliments autres que la paille et le foin non coupés.

Ces auges sont ordinairement communes à tout un rang de moutons ou du moins à une dizaine. Elles se font encore le plus souvent en bois. Mais on peut aussi les établir en tôle ou en fonte ; elles peuvent également être fixes : elles sont alors en maçonnerie, en ciment, en pierre, etc.

Les auges en bois mobiles sont encore les plus employées et les plus économiques.

La capacité de l'auge peut être calculée à raison de 15 à 18 litres au plus par tête, ce qui permet de mettre 1 kilogr. de fourrage haché ou 10 kilogrammes de racines coupées; cela suffit et au delà pour les plus fortes rations.

Le bord de l'auge doit être à 0^{m},38 environ au-dessus du sol; on ferme le devant. Tout vide laissé au-dessous d'une auge fixe est un nid à ordures.

Les agneaux ont une certaine propension à monter dans l'auge ; ils y restent même lorsque le fond est plat et horizontal.

Les auges à fond en demi-cercle ou en prismes triangulaires creux sont seules exemptes de cet inconvénient, mais elles en ont un autre plus grave. C'est la facilité qu'ont les moutons d'en faire sortir la nourriture en retirant leur tête de l'intérieur.

M. Grandvoinnet dit qu'en moyenne on donne par tête 0^{m},42 de longueur, 0,30 de largeur et une profondeur de 0,15 pour que l'auge ait un volume convenable.

M. Bignon, imitant la disposition des auges à bœufs

du Limousin, fixe devant les auges de ses moutons une cloison en planches percée de trous ou *cornadis* par laquelle les moutons passent la tête pour manger. Non-seulement on prévient ainsi tout gaspillage d'aliments, mais les moutons, mangeant chacun à leur place, ne dérangent pas leurs voisins ; enfin la distribution de la nourriture est plus facile.

Les râteliers fixes simples pour les moutons ne diffèrent des rateliers pour bœufs et chevaux que par leurs dimensions et la hauteur à laquelle ils sont placés au-dessus du sol; ces rateliers sont peu commodes. Les moutons ne peuvent en extraire le fourrage qu'avec peine en levant la tête et arrachant de force chaque bouchée; il en résulte pour ces animaux une certaine fatigue et surtout une gêne sérieuse; en outre une partie de fourrage arraché tombe sur le sol, où il est piétiné et rendu impropre à l'alimentation; enfin la poussière du fourrage, les graines, etc., tombent dans la laine des moutons qu'elles encrassent et dans les yeux et les oreilles qu'elles peuvent blesser. On diminue ces inconvénients, mais sans les supprimer, en éloignant un peu du mur le bas du râtelier, ce qui permet de le redresser.

En plaçant un râtelier ordinaire ou modifié au-dessus d'une auge on obtient ce qu'on appelle une *crèche*. Ce n'est que dans les bergeries mal tenues que l'on rencontre encore des râteliers sans auge. La légère économie qui en résulte est plus que compensée par la perte de fourrage qu'ils occasionnent. Dans quelques bergeries on a adopté les crèches suspendues au plafond par des poulies. Leur construction est légère ; on les enlève après le repas pour gagner du terrain. Il en résulte que les animaux ont plus de liberté et que le fumier est plus régulièrement fait, mais aussi elles présentent une instabilité dangereuse, surtout pour les brebis pleines : leur emploi doit être limité à certains cas particuliers.

Conditions que doit remplir un bon râtelier.

Le râtelier doit être assez large pour contenir l'affouragement d'un repas ; on estime qu'il doit, par chaque tête, avoir sur 0ᵐ,40 c. à 0,50 de longueur, 0,40 d'ouverture : cela est suffisant même pour la paille. Il doit être fermé à chaque extrémité : les fuseaux seront peu inclinés, afin que la laine ne soit pas salie par les débris du fourrage. Leur écartement ne doit pas excéder 0ᵐ,15. Il ne faut jamais que les moutons puissent introduire entièrement leur tête entre les fuseaux. On garnit la mangeoire d'un rebord assez élevé pour conserver les provendes. Son affleurement excède peu celui du râtelier. Il convient que son plafond soit horizontal, à moins qu'il ne soit le prolongement de celui du râtelier. Une disposition spéciale empêche le mouton de manger par-dessus le râtelier, tandis qu'une forte inclinaison dirigera en avant la descente du fourrage et en enverra les débris à la mangeoire.

Si les crèches sont doubles, le râtelier reçoit une cloison médiane qui permet d'affourager de chaque côté d'une manière différente. Lorsqu'elles servent de clôtures pour établir des séparations, il faut disposer en dessous de la mangeoire une planche qui intercepte la communication. Cette précaution est même toujours utile. En essayant de passer sous la crèche, les jeunes animaux peuvent se blesser. Les crèches doublières doivent pouvoir se transporter facilement et en même temps offrir une assiette solide sans qu'il soit nécessaire de recourir à des piquets ou à des cordages. Enfin, en réunissant ces diverses conditions, la construction doit être simple et solide à la fois.

Le modèle connu sous le nom de crèche de Grignon est à bon droit regardé comme l'un des meilleurs. La cloison médiane du râtelier formée par des voliges appliquées sur le bâti en pied de bouc qui forme les pieds de la crèche, facilite par sa double inclinaison la descente du fourrage et de ses débris. Quant au râtelier, il est peu incliné et le fourrage ne tombe pas sur la toison ; l'ensemble est très-solide et son assiette est à toute épreuve.

Le développement des crèches et leur espacement doivent être proportionnés au nombre et à la taille des animaux.

M. Gayot fait observer avec raison que les races françaises présentaient autrefois des différences considérables sous le rapport du développement des animaux. Tandis que les petites races du Berri, du Bocage, de la Sologne, de la Provence, ne mesuraient guère que $0^m, 55$ à $0^m, 65$ (de la tête abaissée verticalement à la naissance de la queue), celles de Picardie, de la Beauce, de la Champagne, de la Bresse, du pays de Caux, du Roussillon avaient de $0^m, 95$ à $1^m, 10$ et celles des Flandres et de l'Alsace atteignaient de $1^m, 50$ jusqu'à $1^m, 60$. Aujourd'hui, les contraires se sont rapprochés. A peu d'exceptions près, les grandes races sont abandonnées et les petites ont grandi par un meilleur régime. On n'est pas loin de la vérité en admettant que la longueur moyenne du bon troupeau actuel est comprise entre

1^m, et 1^m, 20. Encore ce dernier chiffre ne se rencontre guère que dans les croisements des Dishley avec nos fortes races et on ne peut le regarder comme un maximum.

Si, comme l'indique Morel de Vindé, on n'espace les crèches que de 3^m, 30, il ne restera libre derrière les animaux que 0^m, 50. Leur circulation est gênée, et on sait combien ils aiment à changer de place pendant leur repas. L'espacement de 4 mètres indiqué par M. Perthuis a été admis par Grignon. Il laisse libre de 1^m, 10 à 1^m, 20, c'est-à-dire au moins une longueur d'animal. Quant à la place occupée à la crèche, il convient de lui donner 0^m, 45 pour les adultes et 0^m, 50 pour les brebis portières, si l'on veut éviter les froissements qui peuvent provoquer les avortements.

Dans une construction neuve, destinée à un troupeau d'élevage, et, avant d'avoir pris les dispositions particulières à chaque classe, on peut, sans inconvénient, prendre comme base générale 1 mètre carré de surface par tête et 0^m, 45 de largeur au râtelier.

Appareils pour boire.

A l'époque du pâturage dans les contrées pourvues d'eau, le berger fait boire son troupeau avant de le rentrer ; mais en hiver les mares et même les cours d'eau sont souvent gelés, d'où la nécessité de donner à boire à la bergerie, nécessité d'autant plus impérieuse qu'il importe aussi que les moutons ne boivent pas d'eau froide. On dispose dans la bergerie des baquets ou de grandes chaudières en fonte dans lesquelles on verse de l'eau de puits ou de citerne. Les moutons ont besoin de boire beaucoup : on estime qu'il faut environ par jour pour 100 bêtes une pièce d'eau de 260 litres. C'est le moins qu'on puisse leur donner.

On peut calculer d'après la quantité de moutons contenus dans une bergerie ce qu'il faut d'eau et de baquets ou d'auges. On comprend du reste que s'ils mangent plus, ils doivent boire davantage. M. Grandvoinnet n'approuve pas l'usage des baquets, des cuves et des bassins placés dans les bergeries ; ils offrent, suivant lui, trop peu de développement, ils sont promptement salis et, de plus, ils entretiennent aux alentours une fâcheuse humidité ; il préfère des auges-abreuvoirs qui doivent être faites suivant les mêmes principes que les auges-mangeoires, excepté cependant que, ne devant servir que fort peu de temps, leur développement doit être beaucoup plus restreint. M. Grandvoinnet fait observer aussi qu'on pourrait avoir dans une bergerie des réservoirs placés à une certaine hauteur et qui, à l'aide de petits tuyaux, serviraient à alimenter les abreuvoirs. Il importe que ces réservoirs soient à l'intérieur, pour que l'eau reste à une température convenable ; nous appuyons cette idée de toutes nos forces : l'application en serait excellente, en Beauce surtout où il faut tirer l'eau de puits très-profonds, ce qui est une cause de fatigue et de perte de temps, tandis qu'on a de grands toits qu'on ne sait aucunement utiliser pour l'emmagasinement de l'eau. Si les cultivateurs savaient recueillir l'eau du ciel, s'ils savaient en tirer parti pour les besoins des animaux comme pour la propreté des bergeries et des étables, ils perdraient beaucoup moins de bestiaux.

M. Sanson voudrait que le berger eût une chambre particulière attenante à la bergerie et qu'elle ait vue sur son intérieur, afin que la surveillance pût s'exercer commodément, surtout à l'époque de l'agnelage. C'est dans cette chambre, tenue avec ordre, que doivent se trouver, ajoute-t-il, dans une armoire les ustensiles à l'aide desquels le berger tient note exacte des faits qui se passent dans le troupeau, les instruments de petite chirurgie et les médicaments usuels qui permettent de pourvoir aux nécessités urgentes. Il voudrait enfin que tout fût disposé dans cette chambre pour que le berger s'y plût.

Il s'en faut que le berger soit ainsi traité. Dans presque toutes les fermes il couche à l'écurie. Seulement le soir, après souper, il va, avant de se coucher, faire un tour dans la bergerie, il examine si tout est bien en ordre et, au moment de l'agnelage, il y reste autant que ses soins y sont réclamés.

Nous n'insisterons pas davantage sur cette question du mobilier de la bergerie, qui regarde essentiellement le propriétaire; ce que nous avons dit suffira pour apprendre aux bergers les avantages ou les inconvénients des différentes sortes de mobiliers. Nous renvoyons ceux qui voudront plus de détails au livre de M. Grandvoinnet.

Le troupeau.

> Sois soigneux à reconnaître l'état de tes brebis et mets ton cœur au parc.
> Prov. XXIII, 23.

Les soins que le berger doit donner à son troupeau varient suivant que le troupeau est à la bergerie ou aux champs.

A la bergerie, les premiers soins à donner aux moutons sont ceux qui concernent leur alimentation. Nous pouvons poser en principe que plus les moutons sont nourris, plus ils rapportent, car tout animal produit en raison de ce qu'il consomme. C'est en vertu de ce principe que, pour les moutons, la nourriture à la bergerie a de si grands avantages sur l'alimentation au pâturage ; c'est ce que M. Sanson a parfaitement établi, et cela est facile à comprendre : à la bergerie, la nourriture est plus variée et peut être mieux choisie.

Pour les troupeaux d'élevage qu'on veut amener à un développement précoce, la nourriture à la bergerie est indispensable. Seule elle peut assurer aux jeunes l'alimentation abondante qui, avec le repos relatif, hâte l'achèvement de leur squelette, seule elle peut rendre possible l'administration des substances dont la composition chimique est telle, qu'elles fournissent au système osseux les éléments nécessaires pour hâter sa formation.

On a fait beaucoup de calculs pour établir la ration qu'on doit donner à chaque bête : on a admis qu'un mouton de moyenne taille consomme par jour 1 kil. de foin ou l'équivalent, mais cette ration est insuffisante lorsqu'on veut engraisser. Le vrai est que plus on peut faire absorber de nourriture aux moutons sans mettre leur santé en danger, mieux cela vaut tant qu'ils sont encore dans leur période de développement.

Aussitôt que leur développement est atteint, et que les moutons sont devenus gras, il n'y a plus d'avantage à les nourrir jusqu'à ce qu'ils deviennent fins gras.

La nourriture à la bergerie varie nécessairement avec les saisons.

Lorsqu'on ne peut plus parquer et que le troupeau rentre à la bergerie vers la fin d'octobre, il trouverait bien encore à se nourrir dehors; mais tout est si mouillé qu'il est bon de donner du foin le matin et de ne sortir que vers 9 heures.

Pour la nourriture des brebis pendant l'hiver, c'est le foin qui en fait ordinairement la base. La luzerne, le trèfle et surtout le trèfle blanc leur conviennent également bien. Quand le foin n'est pas de première qualité, qu'il a été rentré dans de mauvaises conditions et qu'il sent mauvais, le berger se trouvera très-bien de l'arroser avec de l'eau salée ou de le saupoudrer de sel écrasé; il faut environ 2 kilog. de sel pour 100 bêtes. Quand le foin est ainsi aromatisé, il faut qu'il soit bien mauvais pour n'être pas mangé avec appétit par les moutons.

En hiver, les racines et les résidus de distillerie remplacent les fourrages verts. Les betteraves, les navets ou turneps, les carottes, les topinambours coupés en tranches minces sont d'excellentes ressources alimentaires. Mais le berger aura soin de mélanger autant que possible les racines avec de la paille hachée ou d'autres menus fourrages.

Nourriture des béliers. — *Les béliers reproducteurs ont surtout besoin* d'une nourriture abondante et réparatrice; le berger fera bien d'insister près de son maître pour obtenir de leur donner de l'avoine ou des tourteaux.

Nourriture des brebis nourrices. — Aux brebis nourrices on donne un supplément de farineux et de tourteaux pour activer la production du lait et lui communiquer les propriétés qui développent la précocité chez les agneaux. Quand ceux-ci ont neuf mois et que le troupeau est rentré à la bergerie, on doit les isoler pour qu'ils soient mieux nourris et surtout pour qu'ils ne soient pas repoussés du râtelier par les bêtes les plus fortes.

Si les agneaux sont nombreux, le berger fera bien d'en former un troupeau séparé.

Engraissement des moutons.

Les conditions de l'engraissement se résument en peu de mots : nourriture abondante, séjour presque continuel à la bergerie, emploi du sel avec les aliments.

Le bon foin est l'aliment le meilleur ; mais si on l'employait seul, l'engraissement serait long et coûteux ; le berger demandera d'y ajouter des farineux et des tourteaux, du son, de l'orge, des réserves de distillerie.

Une excellente nourriture est celle qui serait composée en grande partie de foin haché, mêlé avec des tourteaux, du son, le son humecté d'eau salée. L'avantage de l'eau salée est de stimuler l'appétit et de faire manger davantage et par conséquent de pousser à l'engraissement.

Les Anglais disent que mieux on nourrit les bêtes, mieux elles payent leur nourriture, et que des bêtes en graisse doivent être rassasiées complètement. Il y a cependant une limite à laquelle il convient de s'arrêter, si l'on ne veut pas être en perte.

Le berger jugera l'engraissement suffisant, lorsqu'il sentira, de chaque côté de la base de la queue, de la graisse accumulée sous la peau. Le rable et la poitrine en arrière du coude donnent aussi de bonnes indications, et il ne faut plus, comme le fait observer avec justesse M. Sanson, attendre que la surface du corps soit pour ainsi dire boursouflée de graisse, comme on le voit chez les animaux de concours. Un engraissement poussé à ce point, outre qu'il ne donne point de bonne viande, ne saurait être économique.

Soins du troupeau aux champs

Les auteurs ne sont pas d'accord sur la valeur de l'alimentation par le pâturage, qui est cependant le mode le plus répandu. On n'en connaissait pas d'autre dans l'agriculture pastorale primitive, telle qu'elle existe encore en Algérie. Là, les bêtes vivent toute l'année des plantes que la nature produit, sans que l'homme prenne aucun soin pour la multiplication ou l'entretien des plantes ; c'est ce qu'on a nommé pâture sauvage avec une alternative de grande abondance et de disette.

M. Villeroy décrit deux autres sortes de pâtures : la *pâture demi-sauvage*, la *pâture des prairies artificielles*.

La première est celle qui existe dans toute l'Europe où l'on abandonne aux troupeaux de maigres pâturages permanents, les jachères et les chaumes des céréales après la moisson. Avec cette pâture, pendant l'hiver, les troupeaux reçoivent à la bergerie un supplément de nourriture souvent insuffisant.

La pâture sur prairies artificielles est le fait

d'une culture plus avancée et pour ainsi dire indus-
trielle. Dans ce système, on sème dans la jachère
des plantes fourragères, de la navette, des vesces,
de la spergule, de la lupuline, du trèfle blanc, ce
qui assurera jusqu'à la moisson une nourriture
abondante pour les moutons ; puis ils ont les chaumes des céréales, les prés où l'on ne fauche pas le
regain, les troisièmes coupes de luzerne, et ils arrivent ainsi au mois de novembre, où ils trouvent
à la bergerie du bon foin des prés naturels ou du
trèfle et des racines qui ont été cultivées exprès

pour eux. Un troupeau est ainsi bien nourri, quoiqu'il pâture tous les jours.

Néanmoins, M. Sanson soutient que le but du progrès est de substituer le plus possible le régime
des bergeries à celui des pâturages, surtout lorsqu'il
s'agit de troupeaux d'élevage.

Le développement précoce qui est la condition du

plus fort rendement en viande et en laine n'est point compatible avec l'exercice que nécessite l'alimentation par le pâturage.

Mais comme ces principes sont encore loin d'être pratiqués, et que d'ailleurs il faut toujours mener le troupeau aux champs, ne serait-ce que pour lui faire prendre l'air, il importe à cet égard de suivre certaines règles indiquées par l'hygiène et qui varient suivant la température.

En hiver, lorsque les bergeries sont basses, étroites, closes de toutes parts et par conséquent très-chaudes, pour peu que le troupeau soit nombreux, il y a danger pour les moutons à passer d'une température élevée au froid vif du dehors. Les moutons sont également très-sensibles à la pluie froide : elle les expose à des refroidissements dangereux.

En été, le berger fera sortir son troupeau dès le matin, entre cinq et six heures, pour le rentrer avant dix heures, car, dès cette heure, les bêtes ne mangent plus; elles souffrent de la chaleur et des mouches, il est bon de les mettre à l'ombre, quitte à les faire sortir le soir. Quand la rosée de la nuit a été très-abondante, le berger devra retarder la sortie du matin. L'humidité est contraire aux moutons, et Daubenton dit que lorsqu'elle est froide comme celle des rosées, elle peut causer les pourritures dans les pays humides et des coliques dangereuses; il faut, en cela, suivre l'instinct des bêtes qui les porte à attendre que la rosée ou la gelée blanche soit dissipée avant de pâturer. Tessier recommande de ne pas faire sortir les troupeaux de leur bergerie quand il pleut, excepté dans les grandes chaleurs de l'été, si la pluie est légère et doit être de peu de durée. Dans ce cas, elle ne leur est pas nuisible : alors même la rosée est un bien pour eux, parce qu'en attendrissant et humectant l'herbe trop sèche, elle la leur rend plus appétissante, les abreuve et les nourrit. Dans tout autre temps, on doit bien éviter de les conduire sur des pâturages mouillés avant que le soleil les ait séchés. Les prairies artificielles, la luzerne et le trèfle surtout sont le plus à craindre. La moindre imprudence d'un berger qui y laisserait aller quelques bêtes en causerait la perte.

Direction du troupeau selon la température.

M. Villeroy fait observer avec raison que dans un pays de plaine il est assez indifférent pour un berger de se diriger d'un côté plutôt que d'un autre, pourvu qu'il trouve pâture. Dans les pays montagneux, il n'en est pas de même. Le matin, le berger doit chercher les pâturages exposés au soleil, où la rosée est plus tôt dissipée et il doit éviter ceux qui sont exposés à l'ouest ou au nord. De même, si le vent vient à souffler violemment et la pluie à tomber, il recherchera les endroits abrités.

Pendant les jours de grande chaleur, le pâturage est aussi dangereux que possible; nous pouvons l'affirmer, car nous avons trop souvent vu les moutons de la Beauce décimés par le sang de rate, qui est une conséquence du régime pastoral auquel ils sont trop exclusivement soumis. Il est aujourd'hui démontré que dans les fermes où les moutons améliorés par un régime alimentaire mieux entendu ne vont que peu sur le pâturage, le sang de rate est inconnu.

Aussi le berger devra-t-il avoir soin de mettre

ses bêtes à l'abri de la grande ardeur du soleil en été, de les faire boire fréquemment si elles paissent sur les terrains secs. Il ne devra donc sortir ses bêtes que le matin de bonne heure ou le soir après la grande chaleur.

Mais toujours, avant de sortir, le bon berger qui a un troupeau nombreux, et par conséquent presque toujours quelques bêtes malades, prendra soin de les mettre à part et il donnera à chacune d'elles les soins ou les remèdes qui lui sont nécessaires. Si ce sont des bêtes blessées, il renouvellera le pansement aussi souvent que cela sera utile.

Le mode et la valeur du pâturage. — Lefour a laissé sur cette question de précieux renseignements.

Les pâturages qui conviennent aux moutons sont en général les pâturages élevés, à herbe courte, sur terrain sec et perméable tel qu'un terrain sablonneux, sable argileux, bien égoutté, calcaire, pierreux.

Les pâtures où le mouton réussit rarement sont celles des vallées ou terrains bas imperméables, ou marécageux.

Sous le rapport géologique, les pâtures où le mouton paraît mieux se plaire sont celles qui reposent sur les sols crayeux de la Champagne, les grands plateaux ou collines de l'oolithe tels qu'on en rencontre dans la Côte-d'Or, la Haute-Marne, les Vosges ; les plateaux calcaires de l'Aveyron, du Lot ; les calcaires alpins des départements de l'Isère, des Hautes-Alpes et Basses-Alpes, quelques plaines à sous-sol calcaire, telles que la Beauce et le Gâtinais, etc.

Les pâturages naturels varient de valeur dans une assez grande limite ; les plus mauvais, ceux qui ne peuvent guère être utilisés que par des chèvres, sont certaines cimes abruptes des Hautes-Alpes, des Pyrénées, de l'Ardèche, de l'Hérault; la plaine pierreuse de l'Auroch et les coteaux des Alpines rentrent dans cette catégorie.

Viennent ensuite les pâturages des Landes qui, dans le Midi, prennent le nom de garrigues et se composent de broussailles, de chênes kermès, de romarin, lavande, etc., et dans le centre Est de la France, de bruyères, de genêts épineux. Cette classe de pâtures est inférieure du reste pour la salubrité aux garrigues, essentiellement favorables aux moutons, mais dont la valeur est singulièrement réduite par la chaleur du climat.

Les bois forment un médiocre pâturage pour les moutons, surtout quand ils sont très-couverts et remplis de broussailles ; l'herbe est de mauvaise qualité et la laine des toisons est arrachée par les épines. Les bois d'arbres verts, tels que pins et sapins convenablement aménagés, fournissent cependant des ressources utiles au pâturage.

Nous plaçons ensuite les pâtures de montagne, les pâturages de l'Isère et des Alpes ; à un degré supérieur viennent les pâtures naturelles que le mouton trouve dans quelques friches qui subsistent encore dans la Bourgogne, la Champagne, etc. Enfin les prairies naturelles, plus spécialement consacrées à l'espèce bovine, reçoivent également, comme dans la Normandie, le Charolais, des moutons pour y être engraissés.

A l'automne ou dans le premier printemps, on fait quelquefois passer les moutons sur les prairies, soit après la coupe des regains, soit avant que l'herbe commence à entrer en pleine végétation. Le pâturage en automne des prairies ou des herbages ne paraît pas nuisible lorsqu'on ne les fait pas brouter trop au vif; le tassement même du sol par le piétinement produit un effet salutaire.

Si le troupeau doit pâturer un champ où les plantes, trèfles ou autres, sont déjà hautes et touffues, le berger ne doit pas lui abandonner tout le champ; la plus grande partie du fourrage serait foulée aux pieds, gaspillée et perdue. Il faut que les bêtes forment une longue ligne, mangeant devant elles comme elles mangeraient au râtelier. Il faut que le berger sache lui-même les maintenir, car son chien ne peut pas l'aider, puisqu'il lui est impossible de manœuvrer devant le troupeau.

M. Heuzé rapporte qu'il a vu plusieurs fois en Angleterre un mode de pâturage qui l'a frappé par ses excellents résultats. Ce procédé, bien supérieur à la méthode qui consiste à faucher les fourrages verts annuels pour les faire consommer sur place après les avoir déposés dans des râteliers portatifs, oblige à placer des claies inclinées devant les animaux sur une longueur qui est en rapport avec le nombre de têtes dont se compose le troupeau; ces claies, ou pour mieux dire *ces râteliers presque verticaux*, présentent des barreaux suffisamment éloignés pour que les moutons ou les brebis puissent passer la tête dans les intervalles qui les séparent. Ces claies sont soutenues à leur extrémité par des espèces de chevalets. On les avance deux ou quatre fois par jour sur le fourrage à consommer. Comme ces râteliers sont légers quoique très-solides, un jeune homme ou un aide-berger les déplace très-aisément. Les bêtes à laine ne laissent par ce moyen aucune plante derrière elles.

M. Heuzé, qui connaît les habitudes routinières de nos bergers aussi bien que des cultivateurs, se demande si ce moyen sera accepté en France, où l'on fait annuellement consommer des fourrages verts légumineux bisannuels ou annuels.

Il craint que le cultivateur n'adopte pas ce moyen qui peut occasionner quelques dépenses et que les bergers ne soient pas soucieux d'y recourir. Ces objections ne seraient pas fondées. D'abord le capital engagé par les claies ne se renouvelle pas et son intérêt est largement payé par le gaspillage de fourrage qu'elles permettent d'éviter ; ensuite les bergers qui les auront une fois employées reconnaîtront qu'elles leur évitent une surveillance continue et même pénible. Ces claies peuvent comme les autres servir pour faire parquer sur les terres labourées.

Les pâtures dangereuses. — Les pâtures qui sont près des eaux stagnantes sont souvent nuisibles pour les troupeaux, de même que les terres où la couche végétale repose sur un sol imperméable. Le berger doit éviter d'y conduire son troupeau.

Quelquefois les propriétaires réservent pour la pâture une partie des premières pousses des prairies artificielles. Il serait aussi dangereux que peu économique d'y mettre le troupeau à discrétion. Le berger prudent devra ne le faire passer que rapidement.

La même prudence veut qu'au printemps le berger conduise avec beaucoup de circonspection son troupeau dans les pâturages gras : il ne devra pas le faire sans avoir eu soin de lui avoir préalablement donné à manger à la bergerie.

Un troupeau peut être conduit sans risque sur les chaumes d'avoine immédiatement après la moisson, mais le berger ne doit pas oublier que les grains d'avoine tombés par terre sont une dangereuse nourriture et il fera attention à ce que ses moutons en mangent le moins possible.

En été, les moutons souffrent beaucoup de la soif, non pas seulement à cause de l'élévation de la température, mais aussi parce qu'ils mangent des aliments secs, souvent couverts de poussière, et pour peu qu'ils se trouvent éloignés du parc ou d'une source d'eau, les pauvres bêtes seront exposées à de graves indigestions. Aussi le berger devra-t-il songer à faire boire abondamment son troupeau avant de l'éloigner du parc, et devra-t-il lui épargner la fatigue de la marche dans cette saison.

Distribution des pâturages suivant les animaux. — Les agneaux doivent avoir la meilleure herbe, celle d'une digestion plus facile ; les béliers et les mères ayant à fournir à la fois à la reproduction et à la croissance de la laine, recevront du berger une nourriture moins délicate, mais relativement aussi abondante et substantielle.

Le berger aura donc soin de conduire les agneaux aux pâtures les plus rapprochées, ayant une herbe courte et épaisse, d'une digestion facile.

Pour les béliers et les mères, il conservera un pâturage rapproché, assez riche et salubre, pour les mères surtout.

Les agneaux et les antenais pourront être envoyés sur des prairies passables assez éloignées, sur un terrain sec, ayant une herbe courte et nourrissante ; on y mettra également les moutons qui auraient besoin de se refaire ; les moins bons pâturages seront réservés pour les moutons qui ne sont pas à l'état d'engrais ; enfin les pâtures grasses, humides, seront livrées à des moutons d'engrais et à des brebis qui n'ont pas porté.

C'est, comme on le voit, surtout pour la conduite du troupeau au pâturage que le concours d'un berger capable est essentiel ; lui seul peut profiter des ressources du pâturage, et les répartir avec soin. Évitant suivant la température et l'état de l'atmosphère les endroits nuisibles, soit par humidité, soit par la nature et l'exubérance des plantes qui s'y trouvent, choisissant au contraire les parties saines dans les temps humides, il ménage l'herbe et limite les espaces sur lesquels peuvent s'étendre les moutons, leur fait tondre de plus près les parties broutées avant de les faire entrer dans l'herbe fraîche. Il sait à quelle heure il doit rentrer son troupeau à la bergerie, quand il doit le conduire en des endroits plus ou moins éloignés. Il sait éviter la poussière des chemins qui salit, dessèche et dégraisse la laine en même temps qu'elle fait souffrir le mouton ; il évite avec le même soin les terrains ferrugineux, marécageux, tourbeux, insalubres, quand ils sont humides, et qui nuisent quand ils sont secs à la laine par la poussière noire qu'ils y déposent. Il presse ou ralentit leur marche selon la nature des chemins en pente rapide ou dans la plaine ; il porte dans ses bras les agneaux nés au pâturage, incapables de suivre leur mère.

Effets du pâturage. — Les effets du pâturage sont relatifs aux moutons et aux terres. Aux moutons le pâturage est très-profitable et M. Sanson qui n'est pas fanatique de cette méthode d'alimentation reconnaît que durant le temps où la terre abandonnée à sa puissance naturelle se couvre d'herbes plus ou moins nutritives, soit entre le moment où la récolte a été enlevée et celui des labours d'automne, soit pendant l'année de jachère, les moutons y trouvent de quoi se mettre en bon état d'embonpoint, sinon de quoi engraisser. Achetés maigres, puis revendus lorsque leur séjour sur le pâturage les a mis en état, le bénéfice de la différence entre le prix d'achat et le prix de vente, déduction faite des frais de garde, de l'intérêt du capital engagé et de la quote-part des frais généraux, représente le revenu tiré de la terre par ce moyen. L'expérience a fait voir en plusieurs endroits que ce revenu est alors considérable.

Mais pour arriver à ce résultat, il faut avoir des moutons peu difficiles à nourrir, appartenant à la race du pays.

En Beauce, c'est le berrichon qui, dans ces conditions, fait la viande le plus vite. Beaucoup de cultivateurs de ce pays achètent à l'entrée de la moisson des moutons berrichons pour les faire paître et les revendre en viande à la fin de novembre. On compte que, pendant ce temps, les moutons ont pu gagner 4 à 5 fr. par tête. Si donc un cultivateur achète 100 moutons, il peut, si le berger qui les conduit sait son métier, gagner en trois ou quatre mois quatre à cinq cents francs.

Effets relatifs à la terre. — La terre sur laquelle les moutons pâturent s'en trouvent bien, car le fumier du mouton au pâturage ne tombant pas sur une seule place comme celui des bêtes à cornes et des chevaux n'a pas besoin d'être répandu, son action est mieux répartie. On pense que le mouton au pâturage rend encore des services en détruisant avec sa dent une certaine quantité d'herbes parasites.

Conduite du troupeau en voyage. — Nous avons vu, au commencement de ce livre, comment se fait la transhumance. Nous savons que le mouton est un animal fait pour manger en marchant, mais le troupeau ne peut accomplir cette double fonction que s'il est bien dirigé, et même dans les pays où n'existe pas la transhumance, le berger doit savoir faire au besoin voyager des moutons. Car il peut être envoyé à des foires éloignées de la ferme à laquelle il appartient, pour acheter ou vendre des lots plus ou moins considérables.

Lorsqu'il n'en a qu'un très-petit nombre à conduire et qu'il doit traverser des pays à moutons, il n'a d'autre parti à prendre que de les charger sur une charrette ; autrement, malgré les secours des chiens les mieux dressés, il n'empêchera pas ses moutons d'aller se mêler au premier troupeau qui se trouvera sur leur passage, et de lui donner le même embarras chaque fois qu'ils apercevront d'autres moutons ; c'est ce qui n'arrive pas quand les moutons voyagent par bandes assez nombreuses.

Tant que le chemin est large et libre, le berger tient ses chiens auprès de lui. S'il passe à côté d'un champ couvert de sa récolte, il fait garder le flanc du troupeau par l'un d'eux ; s'il suit un chemin bordé à droite et à gauche par les terres emblavées, il en place un de chaque côté et hâte la marche. S'il voyage sur une grande route, il tient le bas côté, et s'il rencontre des voitures il doit bien veiller à ce que les moutons ne s'écartent pas et il fait en sorte qu'ils marchent plus vite, pour laisser la voie libre.

Olivier de Serres a admirablement résumé les

qualités d'un bon berger, pour la conduite de son troupeau : industrie, douceur, vigilance sont, dit-il, les qualités du bon pasteur. « Tiendra le pastre ses bestes ramassées en gros, rappelant par cris et sifflements celles qui s'écartent ; et par mesme adresse fera avancer, reculer, tourner son troupeau en un corps, comme escadron de cavalerie, ne rudoiera, ne battra son bétail ; ainsi doucement le conduira sans lui jeter des pierres ni autres choses qui le puissent offenser. Ne dormira et ne s'assiera jamais en campagne ; ains, comme soucieuse sentinelle, se tiendra debout près de son bétail, sans l'abandonner jamais de l'œil et servira au berger de tirer de ses bestes obéissance volontaire, quand par elles vu continuellement et par accoutumance cogneu d'elles, elles le suivront pas à pas comme leur capitaine. »

Cela est exact, et les bergers de Lorraine accoutument les moutons à leur obéir assez sûrement pour pouvoir les faire retourner d'un coup de sifflet lorsqu'ils approchent trop de la récolte et cela à plusieurs centaines de mètres de distance, sans avoir besoin du secours des chiens. Quelques-uns apprivoisent par des caresses ou des friandises plusieurs brebis qui les suivent partout et facilitent de la sorte la conduite des autres animaux. Ces faits ont été constatés par M. Guyot ; ils nous ont été confirmés par M. Bernardin, le directeur de Rambouillet.

Parc, parcage et fumures.

On donne le nom de parc à une enceinte mobile formée de palissades légères appelées claies et des tinée à la fois à maintenir les moutons sur une surface déterminée de terrain qu'ils engraissent de leur suint et de leurs déjections, et à les protéger contre les attaques des loups, des chiens errants et contre tous les dangers analogues auxquels ces animaux sans défense peuvent être exposés pendant la nuit.

Un parc complet comprend : 1° ses claies, 2° les crosses ou les piquets destinés à les maintenir dans la position verticale, 3° enfin la cabane roulante qui sert à abriter le berger et qui se place en dehors de l'enceinte.

Les claies se font de diverses manières et avec diverses sortes de matériaux ; mais dans tous les cas, elles doivent réunir quatre conditions indispensables : la légèreté, la solidité, la durée et le bon marché.

Dans quelques contrées, on les établit en entrelaçant des baguettes de coudrier ou de tout autre bois souple et non épineux sur un châssis formé de montants verticaux en bois disposés parallèlement à 0^m, 20 ou 0^m, 25 les uns des autres ; on y ménage, pour placer la tête des crosses, de petits jours appelés voies. Ces claies ne brillent pas par la légèreté, mais leur poids n'est cependant pas excessif, et elles offrent l'avantage de séparer complétement les moutons au parc de la rase campagne et de leur assurer plus de tranquillité que ne le font les claies à claire-voie.

Ailleurs on les fabrique en clouant transversalement des voliges sur des montants. Dans le centre de la France, les claies consistent très-généralement en une série de petites barres plates ou rondes en cœur de chêne ou de châtaignier,

fendues au centre et passées verticalement dans
des traverses horizontales en chêne, qui sont elles-
mêmes assemblées à mortaises à leurs extrémités

Moutons au parc.

et au milieu de leur longueur dans des montants
verticaux aplatis.

Les claies les plus avantageuses au double point
de vue de la légèreté et du bon marché sont incontestablement celles qui sont en usage dans la Lor-

raine. Elles sont établies avec les mêmes lattes de sapin qui servent à soutenir les tuiles des toitures, et qui, fabriquées dans les scieries de la montagne, présentent une longueur de 4 mètres sur 0^m, 07 de largeur et 3 cent. d'épaisseur et ne coûtent que 25 centimes la pièce.

Moutons au parc.

La claie ainsi construite peut durer de huit à dix ans si l'on prend soin de la mettre à l'abri pendant l'hiver, si l'on goudronne au printemps la partie inférieure des lattes verticales qui porte à terre.

Il y a deux manières d'assujettir les claies pour les maintenir dans la position verticale. La première consiste à enfoncer en terre de forts piquets dans lesquels on passe les colliers d'osier de la claie lorraine. Cette méthode dispense des doubles montants, elle n'offre que peu de garantie de solidité et elle impose au berger un travail très-pénible au moment de changer le parc, pour peu que la terre soit un peu dure. Chacun de ces piquets doit être durci au feu et muni à la partie supérieure d'un anneau ou frette destiné à l'empêcher de se fendre sous le coup du maillet.

La seconde manière, infiniment préférable sous tous rapports, consiste dans l'emploi des crosses usitées dans tout le centre de la France ; elles ne laissent rien à désirer sous le rapport de la solidité. Elles sont faites d'un morceau de bois de chêne d'environ 1ᵐ, 50 de longueur, traversé à l'une de ses extrémités par deux chevilles parallèles et recourbé à l'autre bout de manière à porter à plat sur le sol. La partie recourbée qui forme patte est percée d'un trou dans lequel on passe une longue cheville pointue appelée clef, que l'on enfonce solidement en terre à l'aide d'un maillet. Les deux chevilles de la partie supérieure de la crosse sont engagées entre les doubles montants des claies, ou dans les voies des claies en vannerie de manière à les mettre en état de résister à toutes les pressions venant soit du dehors, soit de l'intérieur.

Il existe encore un autre parc qu'on appelle le parc domestique. C'est celui qu'on établit dans la cour d'une ferme ou à côté. On forme une enceinte avec des claies ou des filets, et tous les soirs le troupeau y est renfermé. On a soin de couvrir le sol de litière ; si le temps est trop pluvieux, on fait rentrer les animaux à la bergerie, pour les ramener au parc quand le ciel devient beau.

Le parcage est généralement en usage, mais surtout dans les plaines et les vallées inférieures des Pyrénées.

Les parcs sont formés de claies qui ont 1ᵐ, 10 à 1ᵐ, 50 de hauteur, sur 1ᵐ, 50 de largeur. Ces claies sont en osier, frêne, aune ou saule.

On commence cette opération à la Saint-Jean, pour la cesser vers la Saint-Martin. Généralement, les animaux ne séjournent dans chaque parc que pendant 6 à 8 heures.

La cabane. — Nous avons dit plus haut comment elle doit être construite. Non-seulement elle sert d'abri au berger, mais elle lui est fort utile aussi pour renfermer les onguents et les quelques outils dont il peut avoir besoin, ainsi que le fusil dont il doit être toujours muni dans les pays où l'on peut craindre les loups.

Le fait de tenir des moutons enfermés dans un parc, constitue le parcage. C'est une opération essentiellement agricole, dont le but est la fumure des terres.

On estime généralement que chaque mouton de moyenne taille peut fumer utilement en une nuit 1 m. carré superficiel. Le parc doit donc avoir autant de fois 1 m. carré de superficie qu'il renferme de moutons.

Lorsque le berger devra parquer dans des champs nouvellement labourés, il demandera au propriétaire de les faire rouler et herser : les moutons seront mieux couchés.

Les vents violents, la grêle et les loups sont à redouter quand on est au parc. Le berger défendra le parc contre la violence du vent, en assujettissant bien solidement ses claies ; si la grêle menace, il ramènera son troupeau à la ferme. Dans les pays de forêts, il préservera ses bêtes contre la voracité des loups, en s'éloignant des bois à l'approche de la nuit, et en les faisant rentrer de bonne heure au parc, qui sera bien solidement établi. De bons chiens l'avertiront si le loup vient rôder autour du

Loup emportant un mouton.

troupeau, et quand le berger le croit en danger, il ne doit pas hésiter à prendre son fusil et à tirer sur l'animal. En certains pays où les loups sont encore nombreux, on attache des sonnettes au cou de plusieurs brebis. Aussitôt qu'elles sentent l'ennemi approcher, elles s'agitent et le bruit des sonnettes avertit le berger. En d'autres endroits, on fixe une lanterne de verres de couleur à une claie située du côté opposé à la cabane. Les loups, effrayés par les couleurs, n'osent rien tenter contre le troupeau.

Avantages et inconvénients du parcage. — On était autrefois beaucoup plus partisan du parcage qu'on ne l'est aujourd'hui. Daubenton ne voyait même aucun inconvénient à parquer en hiver; cependant, à cette époque de l'année, les bêtes à laine trouvent peu ou point de nourriture aux champs. Et puis, on sait qu'aussitôt que la température devient un peu rigoureuse, les moutons se ramassent les uns contre les autres pour se réchauffer, ce qui prouve qu'ils souffrent, et qu'il vaut mieux alors les faire coucher à la bergerie.

Tessier, qui a étudié avec tant de soin la question des moutons, dit que le parcage a un double intérêt. Il est utile pour la santé des animaux, il procure aux terres un bon engrais. Cependant, à son époque, déjà certaines personnes contestaient ces avantages, affirmant que le parcage était nuisible à la santé des animaux, que le fumier de bergerie valait mieux que celui du parc. A cela, Tessier répondait que l'air libre convient à tous les moutons, pourvu qu'on les abrite contre les fortes et longues pluies, les grandes chaleurs et la rigueur des frimas. Et il ajoutait : « La paresse, la négligence de certains bergers sont les seules causes des inconvénients. »

Le parcage dispense de conduire du fumier dans les terres éloignées. Les matières fécales des moutons forment un engrais beaucoup plus énergique à dose égale que le fumier de ferme. On peut attribuer cet effet à la régularité avec laquelle l'engrais est distribué sur le terrain. Le parcage enfin peut économiser au cultivateur une grande quantité de paille, ce qui est à considérer quand elle est rare.

Ainsi, au point de vue de l'engrais, le parcage est incontestablement utile. Au point de vue des moutons, les physiologistes soutiennent qu'il nuit aux toisons, par cela seul qu'il oblige les moutons à se coucher sur la terre labourée, où leur laine se salit et se durcit. Cette raison devrait être suffisante, suivant M. Sanson, pour soustraire au parcage tous les mérinos, ne fussent-ils considérés que comme producteurs de laine. Quoi qu'il en soit, nous ferons remarquer qu'on ne parque guère que quand les moutons sont tondus, c'est-à-dire aux environs de la Saint-Jean.

Mais il ajoute que le parcage est incompatible avec les réformes qu'il y a lieu d'introduire dans le régime alimentaire des moutons. M. Sanson a surtout en vue, dans ces considérations physiologiques, les moutons à laine fine et l'engraissement précoce; mais avant que ces considérations aient été adoptées par les cultivateurs, on usera encore pendant longtemps du parcage.

Quand les bêtes à laine ont passé la mauvaise saison dans des bergeries plus ou moins aérées, on pourra pendant un certain nombre de nuits les mettre sous des hangars, qui tiennent le milieu entre la bergerie et le parc; elles y prendront de la force et se mettront en état de mieux supporter l'habitation au parc.

Quand le cultivateur s'est décidé à faire mener les moutons au parc, le berger aura soin de mettre son troupeau à l'ombre dans l'ardeur des jours d'été, de le faire rentrer à la bergerie à l'approche des orages. Le parcage devra cesser en automne, assez tôt pour prévenir les pluies et le froid.

Reproduction.

La reproduction est un acte fort important dans l'économie rurale, car le cultivateur cherche à en tirer un profit avantageux; elle est soumise à des conditions de race, d'âge, de climat, d'alimentation et de vente.

Les accouplements prématurés entravent la croissance des animaux, les épuisent et ne donnent pour résultat que des agneaux faibles, délicats et bien plus exposés aux maladies que ceux qui sont nés de parents adultes et vigoureux. Vienne une épizootie, les agneaux obtenus d'animaux trop jeunes seront presque toujours les premiers attaqués. Quant aux mères, elles sont incapables de résister aux fatigues de la gestation, de la mise bas et de l'allaitement.

Un berger doit savoir que les brebis et les béliers, quelle que soit leur race, ne doivent guère être accouplés avant l'âge dix-huit mois, avant que ces bêtes aient leur 4 premières dents d'adulte. Quant à l'époque qu'on doit choisir pour l'accouplement, elle est variable suivant le but économique qu'on se propose. A l'état naturel, il a lieu au mois d'octobre et de novembre, mais la domestication et le régime alimentaire auquel nous avons soumis les animaux, font qu'on peut avancer ou retarder l'accouplement.

En elle-même, l'époque de l'accouplement n'a que peu d'importance, mais elle en emprunte une très-grande à celle de la mise bas qu'elle détermine. La gestation ayant toujours la même durée quel que soit le moment de la fécondation, on peut faire arriver l'agnelage à l'époque la plus désirable en provoquant la monte à un moment donné.

Le temps le plus favorable pour l'accouplement des bêtes à laine, dit Daubenton, celui qui répond le mieux à la saison où les agneaux prennent un bon accroissement, n'est pas le même partout; il dépend du froid des hivers et de la chaleur des étés dans les différents pays où sont les troupeaux.

Selon Tessier, le temps de l'accouplement ne saurait être le même dans toutes les parties de la France. Dans le Midi, c'est au printemps que les brebis y sont disposées; aux environs de Paris, c'est au commencement de l'été; vers le nord, c'est presque en automne.

Mais, ajoute Tessier, le propriétaire d'un troupeau qui veut en tirer parti s'écarte plus ou moins de l'époque de la nature, selon qu'il a intérêt à le faire. On règle la monte en conséquence du temps où l'on sait qu'on pourra le mieux nourrir les brebis avancées dans leur gestation et pendant qu'elles allaiteront, et les agneaux lorsqu'ils commencent à manger et à croître. Tel est le principe dont chacun fera l'application aux moyens de subsistance qu'il a en son pouvoir, au but qu'il se propose et au climat qu'il habite. Par exemple, quand les nourritures sont plus abondantes en novembre ou décembre, on donnera les béliers aux brebis en juin, juillet et août : on les leur donnera en octobre et novembre si, en avril ou en mai, il y a abondance d'herbe aux champs. Quelques considérations peuvent encore servir à déterminer les moments de la monte telle que la saison des ventes de brebis qui ont eu des agneaux, et la nécessité de les faire voyager sans qu'elles puissent être incommodées de leur lait.

M. Magne fait observer, de son côté, qu'il importe d'avoir égard à la facilité qu'on a de vendre les agneaux. S'ils doivent être livrés au boucher, il faut les faire naître en hiver au moment où les veaux sont rares ; s'ils doivent être exportés, on fera en sorte qu'ils soient sevrés au moment où les marchands forains viennent ordinairement en acheter.

Si, au contraire, le lait forme le principal produit du troupeau, l'agnelage devra avoir lieu à la fin d'avril, afin que les brebis, au moment où elles sont le mieux disposées pour donner beaucoup de lait, et alors qu'elles sont fraîches agnelées, trouvent une nourriture copieuse, tendre, aqueuse, favorable à la sécrétion des mamelles.

Ici, en Beauce, la monte a lieu dans les mois de juillet, août et septembre, de façon que les agneaux naissent en décembre, janvier et février ; ils s'allaitent jusqu'au commencement de mars. A cette époque, ils sont assez forts pour être sevrés et aller aux champs vers la fin d'avril. Les mères n'ayant point à les nourrir peuvent produire plus de laine pour l'époque de la tonte.

D'autres considérations peuvent aussi influer sur la détermination de l'éleveur. Un habile producteur de béliers de la Beauce, M. Bailleau d'Illiers, dont le troupeau avait été souvent décimé par les apoplexies terribles de la rate qu'on connaît sous le nom de sang de rate, eut l'idée, pour diminuer les causes de cette terrible maladie, de reculer l'époque de la monte. En la retardant tous les ans d'un mois, il en était venu à faire saillir ses brebis de manière qu'elles fussent nourrices au moment des moissons.

Il y trouvait un double avantage : économiser le grain donné à la bergerie, puisque les brebis en ramassaient dans les champs, et avoir des brebis moins exposées au sang de rate.

Comment retarder ou avancer le moment de l'accouplement. — Pour retarder les désirs de l'accouplement, le berger doit savoir qu'il faut soumettre les animaux à un régime débilitant dans lequel on fera prédominer les aliments aqueux, tels que les racines et les fourrages verts.

Pour les avancer, il faut, une quinzaine de jours avant l'époque choisie, distribuer aux brebis une forte ration journalière de grains excitants, de seigle, d'orge, de féverolles concassées, surtout d'avoine. Si ce sont des bêtes de parcours, on les conduira dans les meilleurs pâturages et sur les éteules de froment, où elles trouveront les épis qui auront échappé aux glaneurs.

A l'époque de l'accouplement, s'il a lieu en été, il convient que le bélier soit tondu ; il sera plus dispos, plus vigoureux. Il est bon également qu'il ait une nourriture très-tonique, composée en grande partie d'avoine, surtout si l'on veut lui donner jusqu'à 80 brebis.

Quand un certain nombre de brebis ont été affaiblies par des maladies, il faut attendre leur entier rétablissement avant de leur donner le bélier ; si elles le prenaient plus tôt, elles seraient hors d'état de concevoir et ne mettraient bas que des agneaux avortés ou d'une constitution délicate.

Le choix des béliers de monte est une chose importante. Voici comment on reconnaîtra les meilleurs. Un beau bélier mérinos, dit Tessier, a l'œil très-

vif, la démarche cadencée et libre, les oreilles courtes, les épaules rondes, le poitrail large, la croupe
arrondie, les testicules gros, allongés et pendants,
la laine fine, tassée, abondante, homogène, c'est-
à-dire égale autant que possible sur toutes les parties du corps. On s'assure de sa bonne santé en
examinant les veines de l'œil près des glandes la-
crymales. S'il est bien portant, ces veines sont d'un
rouge clair. Il ne faiblit pas lorsqu'on appuie fortement la main sur sa croupe, il résiste vigoureu-
sement lorsqu'on veut le tenir par une jambe de
derrière; on compte encore pour quelque chose
l'état vermeil des gencives, les lèvres qui ne sont
point relâchées et la laine qui tient à la peau.

La bonne brebis doit avoir le corps grand, la
croupe ronde, le dos large, les mamelles amples,
les tétines longues, les jambes menues, la queue
épaisse, la laine fine et du reste se rapprocher le plus
possible du caractère du beau bélier.

Comme l'on n'a besoin que de très-peu de béliers,
il est facile de choisir ce qu'il y a de plus parfait.
Quant aux brebis, il n'est pas aussi nécessaire
qu'elles soient de la première qualité pour donner
de beaux agneaux ; il suffit qu'on leur donne dans
leur race des béliers bien choisis et que leur laine
ait de la finesse.

Gestation. — Quand les brebis sont en état de
gestation, elles demandent les plus grands soins. La
première chose à faire est de les séparer absolument des béliers, avec lesquels elles ne doivent rester sous aucun prétexte.

Les brebis pleines peuvent et doivent être conduites au pâturage comme à l'ordinaire. Mais, autant que possible, le berger les mettra à l'abri des

7

fortes pluies : le mal que ces pluies leur font éprouver, surtout au parc, est suffisant pour produire des avortements et des accouchements prématurés. Le berger devra les conduire avec lenteur et sans bruit, il retiendra toujours ses chiens à ses côtés avec une chaine ; s'il peut se passer d'eux tout à fait, ce sera encore mieux.

Lorsqu'il sera obligé d'en envoyer un pour ramener quelques brebis écartées, il dépêchera le plus vieux et le plus sage. Ce chien devra être dressé à marcher au pas et à reconduire tout doucement les bêtes sans trop approcher d'elles et sans les faire courir ; le berger les rentrera aux moindres apparences d'orage, car les éclairs et le tonnerre les épouvantent et peuvent leur causer des accidents. Enfin, il devra les conduire très-lentement, surtout en montant les côtes de peur de les essouffler.

Alimentation des brebis pleines. — Quelques éleveurs croient devoir traiter les brebis pleines comme des moutons à l'engrais ; ils les nourrissent le plus substantiellement qu'ils peuvent et tiennent toujours les mangeoires et les râteliers garnis. Ils s'imposent ainsi des dépenses excessives et exposent leurs bêtes à des accidents sérieux, soit à la météorisation qui peut causer l'avortement, soit à l'engraissement qui est un obstacle à la mise bas.

Pendant la gestation, le berger fera bien de visiter souvent l'œil et la bouche des brebis, et si la couleur rouge vif de l'œil ou de la gencive indique une tendance à la pléthore, il cherchera à écarter le danger par une saignée légère.

Le terme de la gestation est une moyenne de 140 jours et, dès le 120e, certains signes indiquent déjà que le moment du part s'approche, la vulve se gonfle et laisse écouler une liqueur muqueuse, le pis se remplit. A partir de ce moment, il est bon de ne plus faire sortir les bêtes chez lesquelles ces phénomènes se manifestent ou du moins de les tenir à proximité de la bergerie. Les parts prématurés étant assez fréquents chez les brebis, le berger, s'il emmenait au loin les mères qui donnent des signes d'accouchement prochain, serait exposé, à chaque instant, à voir agneler quelqu'une de ses bêtes dans les champs, ce qui serait au moins embarrassant et ce qui pourrait devenir grave en cas où surviendrait un orage ou une pluie.

Agnelage. — C'est au moment de l'agnelage que le berger doit faire preuve de zèle, d'activité et d'intelligence. Il ne doit pas quitter la bergerie avant 9 ou 10 heures du soir et il y revient dès 4 heures du matin; la plupart des femelles néanmoins mettent bas sans avoir aucun besoin de la main de l'homme. Ce n'est que dans les cas d'abattement excessif, de très-grande surexcitation chez la mère ou de position anormale du fœtus, qu'il devient utile d'aider la nature.

Soins que réclament les brebis et les agneaux. — Quelques heures après la mise bas, le berger doit présenter de l'eau blanche tiède et légèrement salée avec un peu de son, d'avoine ou d'orge. Si la brebis est très-affaiblie, le berger pourra relever ses forces au moyen d'une rôtie au vin, à la bière ou au cidre, pourvu toutefois que la bête ne présente pas de symptômes d'inflammation. Il placera la brebis avec son agneau dans un lieu clos, tranquille et bien aéré, où la température soit douce et où rien ne puisse venir la troubler ni l'inquiéter.

Dès le lendemain du part, le berger commencera

à lui donner une nourriture plus solide, qui pourra se composer de bon foin, de bonne paille bien fraîche, de racines, de verdure, si l'on en a en ce moment. Il est nécessaire que les aliments soient de bonne qualité et que leur quantité soit bien réglée.

Quant à l'agneau, les soins qu'il réclame en venant au monde sont assez simples. A peine arrivé, il commence par éternuer comme pour préparer ses poumons à respirer pour la première fois. Sa mère ne tarde pas à lui enlever, en le léchant, l'enduit visqueux qui agglutine ensemble les brins de sa toison. Bientôt il cherche à se lever; après quelques efforts infructueux, il parvient à se tenir debout, et cherche tout de suite le pis de sa mère.

Ici, le berger doit l'aider en mettant la tétine dans sa bouche et en y exprimant quelques gouttes de lait. Ordinairement la mère se prête de bonne grâce à ce manége; il arrive cependant quelquefois que les jeunes brebis qui en sont à leur premier agneau, et dont la mamelle est dure et douloureuse, se défendent un peu et maltraitent même leur agneau; ce n'est pas le cas de les brutaliser, au contraire. Le berger cherchera à les soulager en vidant leur pis en partie, il les contiendra doucement en levant l'une de leurs pattes de derrière, afin que l'agneau puisse facilement arriver à la mamelle; il leur fera prendre patience en introduisant dans leur bouche une petite pincée de sel. Si elles se refusent à lécher leur agneau, ce sera encore à l'aide d'un peu de sel et de son dont il le saupoudrera, que le berger obtiendra d'elle cette petite opération.

Quand les agneaux naissent en hiver, il est important qu'ils soient soumis à une température douce sans être chaude, pour concilier la santé des agneaux et celle des mères. Tessier dit que quand on observe avec attention ce qui se passe dans une bergerie au temps de l'agnelage, on voit que les nouveau-nés se rapprochent les uns des autres et se retirent dans les endroits les plus abrités du froid : c'est la nature seule qui les guide; plusieurs fois des agneaux sont morts dans leurs bergeries faute d'une chaleur suffisante. Le nombre en aurait été plus grand encore, si les brebis eussent mis bas en plein air, par un temps froid et pluvieux. Dans ce cas, le berger devra envelopper l'agneau dans son manteau, et prendre tous les soins possibles pour éviter qu'il souffre du froid. Malgré toutes ces précautions, il ne pourra toujours, il est vrai, empêcher que le petit animal ne soit transi, étant exposé tout à coup et tout mouillé à un vent froid. Les bergers anglais ont l'habitude, dans ce cas, de placer l'agneau pour le réchauffer, soit dans l'intérieur d'une meule de foin ou dans un tas de fumier, ou encore dans un four chauffé avec un peu de paille.

Par l'emploi de l'un de ces moyens, on en a sauvé, au dire de Daubenton, qui avaient tant souffert que c'était à peine s'ils donnaient quelques signes de vie. On conseille en outre de leur faire avaler quelques cuillerées de lait tiède, et au besoin un peu de vin coupé d'eau ou un peu de bière, et de les tenir pendant quelques jours auprès du feu, puis de les placer, avec leurs mères, dans un lieu chaud et fermé jusqu'à ce qu'ils soient parfaitement rétablis.

Nourriture des jeunes agneaux. — M. Sanson pose en principe que les jeunes agneaux ne sau-

raient téter trop copieusement ; et pour cela il importe que leurs mères soient abondamment nourries, comme il a été dit plus haut. Les prescriptions
des auteurs qui recommandent de rationner les
mères pour ménager les agneaux, vont à l'encontre
de la première nécessité du perfectionnement des
aptitudes, qui doit être la préoccupation constante
des éleveurs. Que ceux qui viennent soient tou-

jours supérieurs a ceux qui s'en vont, fût-ce même
aux dépens des mères : c'est la condition du progrès.

Toutefois, il est nécessaire que les agneaux soient
habitués de bonne heure à manger. Il y a des
agneaux qui mangent à la bergerie à trois semaines. On leur distribue, pendant que leurs mères
sont aux champs, une nourriture analogue à leur
faiblesse et à l'état de leurs dents ; ce sont des
grains concassés ou moulus et des regains tendres
qu'on leur donne ordinairement.

Afin qu'ils se fortifient, il faut que le berger ait

soin de les faire sortir près de la maison de temps en temps, quand il fait beau. Les ébats qu'ils prennent en plein air leur procurent de l'appétit et développent leurs membres. A mesure que ce développement a lieu, ils réduisent progressivement leur ration de lait et finissent même par se sevrer tout seuls, ce qui est en réalité le meilleur sevrage.

M. Sanson fait observer avec raison que le sevrage est en général opéré trop tôt et trop brusquement. Les agneaux en subissent un temps d'arrêt dans leur développement qui leur est très-préjudiciable. En les habituant, au contraire, de bonne heure à manger et en faisant leur ration de fourrage, de farineux, de racines, etc., à mesure qu'ils approchent du moment où ils ne tèteront plus du tout, ils ne s'aperçoivent pas de la transition.

Lorsqu'on laisse les agneaux avec leurs mères, il les tettent aussi longtemps qu'elles ont du lait. Cela ne s'étend guère au-delà de l'âge de cinq mois. Il faut alors les séparer et les faire garder seuls pendant environ quinze jours, ce qui n'est pas facile quand on n'a qu'un seul berger.

Pendant que les brebis mangent, beaucoup d'agneaux cherchent à téter par derrière la première brebis qui se trouve devant eux. Ils y parviennent quelquefois et les agneaux qui appartiennent à ces brebis ne trouvent plus ensuite que des mamelles vides. Il y a toujours des agneaux pillards qui prennent partout où ils peuvent prendre, et une brebis qui a la tête tournée vers son agneau qui la tette d'un côté, ne s'aperçoit pas qu'un autre agneau la tette d'un autre côté ou par derrière. C'est à quoi le berger doit faire attention.

Certaines brebis ne regardent pas leurs agneaux. N'accusez pas leur amour maternel : ces brebis manquent de lait et ce sont généralement des antenaises, c'est-à-dire des brebis qui ne sont que dans leur deuxième année. Quand elles ne peuvent réellement pas nourrir leur agneau, on tâche de le faire adopter par une mère qui aura perdu son petit, et qui a du lait en abondance. A cet effet, on les enferme tous deux pendant quelques jours. Si l'on n'a pas de brebis à sa disposition, on peut le donner à une chèvre.

Certains auteurs prétendent que si la mère adoptive refuse de le recevoir, on n'a qu'à le couvrir de la peau de l'agneau mort, si cette peau est encore fraîche, ou plus simplement encore le berger frottera l'agneau mort contre celui qu'on veut lui substituer : ce moyen réussit, dit-on, généralement bien; je ne sache pas qu'il soit employé par les bergers de Beauce. Mais, en tout cas, il est plus simple de les allaiter artificiellement, car tous les bergers savent qu'il n'est pas difficile de leur faire contracter l'habitude de boire du lait de vache coupé et donné à une température douce, soit avec des boissons composées de décoction d'orge, dans lesquelles on met un peu de farine ou de fécule de pommes de terre.

Portées doubles. — Les brebis portent ordinairement un agneau, assez souvent deux, et très-rarement trois; cela dépend au reste beaucoup de leur race, de la manière dont elles ont été nourries avant la monte et du nombre de brebis qu'on a donné à saillir à chaque bélier.

Une brebis vigoureuse couverte par un bélier frais a plus de chance de donner une double portée que celle qui a été appauvrie par une nourriture mauvaise ou insuffisante et qui a été saillie par un bélier déjà fatigué.

Quoi qu'il en soit, il n'est jamais prudent de laisser plus de deux nourrissons à la même mère, et encore faut-il pour cela qu'elle soit dans un excellent état. Sinon il faut, comme nous l'avons dit plus haut, tâcher de faire accepter l'un d'eux par une autre mère ou par une chèvre, ou l'allaiter artificiellement.

Certaines races de moutons acceptent facilement les substitutions de nourrissons ; les mérinos sont ceux qui s'y prêtent le mieux. Lorsque leur petit n'a pas vidé leur pis, elles se laissent téter volontiers par ceux de leurs compagnes et l'on peut dire en quelque sorte que dans les bergeries de bêtes de cette race l'allaitement se fait en commun ; mais cette disposition a bien son inconvénient, car souvent les agneaux les plus vigoureux accaparent la nourriture des plus faibles.

Amputation de la queue. — Autrefois, en France, on respectait cet utile ornement des moutons ; mais depuis l'introduction des mérinos, on a sacrifié cet appendice auquel, malgré les prévisions de la nature on a trouvé de nombreux inconvénients. On a dit que dans beaucoup de pays et en certaines saisons, les bêtes à laine qui vivent d'herbe tendre éprouvent des diarrhées qui saliraient leur queue, et celle-ci salirait à son tour la laine des cuisses ; la terre molle s'y attacherait aussi ; le pis des femelles distendu par le lait, quand elles allaitent, deviendrait sensible et douloureux, s'il était frappé par une queue chargée de crotte.

Les zootechniciens ont ajouté ensuite : la queue

du mouton ne donne pas de viande et la laine dont elle est couverte n'a pas de valeur. De plus, tout ce qui dans l'alimentation est employé à la nutrition de la queue peut servir au développement des autres parties plus utiles lorsqu'elle n'existe plus.

De plus les brebis portières auxquelles on a enlevé la queue reçoivent mieux le mâle et agnellent sans que le cordon ombilical s'embarrasse. Puis enfin est arrivée la mode des Anglais qui est entrée chez nous avec les Southdowns et qui consiste à couper la queue des moutons jusque dans les reins. Nos voisins d'outre-Manche estiment que l'apparence du mouton y gagne incontestablement ; la fesse en paraît plus large, le mouton plus gros et plus lourd.

Aussi, quoique la queue protége d'une manière très-efficace la vulve et même les mamelles des brebis contre le froid, et les ouvertures contre les mouches, on s'est décidé également, en France, à amputer la queue des agneaux. C'est à un mois ou deux qu'on pratique cette opération. Le berger prend les agneaux les uns après les autres entre ses jambes, et avec son couteau, qui doit bien couper, il fait la section à trois ou quatre pouces de la naissance de la queue : il y aurait du danger à couper trop près. On a vu des agneaux en périr. Si la vulve se trouvait trop découverte, nous savons quels inconvénients pourraient en résulter. L'opération étant faite, on laisse l'animal sans rien appliquer sur la plaie, qui saigne un peu et se sèche bientôt. Néanmoins, cette opération serait dangereuse pour les animaux de race barbarine ; leur queue étant fort large et fort épaisse, il en résulterait une plaie grave.

C'est encore depuis l'introduction des mérinos qu'en France on s'est mis à castrer les agneaux. Aujourd'hui cette habitude est généralisée. Dans le mois qui suit l'agnelage, le berger doit choisir parmi les agneaux mâles ceux qu'il veut réserver pour devenir les béliers. Les autres devront être châtrés pour en faire des moutons. On commence cette opération depuis l'âge de trois semaines jusqu'à six mois. Selon Tessier, il faut profiter du temps où les agneaux tettent le lait de la mère : on a remarqué qu'alors la douleur se calmait.

La castration hâtive et générale est surtout impérieusement commandée quand il s'agit de métis. Le meilleur moment d'opérer c'est quand les testicules sont descendus dans les bourses.

Pour agir, le berger doit être assis; il place l'agneau sur ses genoux, les pattes en l'air ; celles-ci sont tenues par un aide. Alors le berger saisit les bourses avec la main gauche et il presse sur elles, de manière à les faire saillir et à les fendre; avec la main armée d'un petit bistouri ou de tout instrument bien affilé, il fait une incision transversale assez profonde pour arriver jusqu'aux testicules qu'il met à nu. Ceux-ci, pressés par la main qui tendait les bourses, sortent ordinairement de leurs enveloppes.

Le berger tire légèrement le testicule au dehors, afin de mettre à nu une partie du cordon. Quelquefois, on tord le cordon et ensuite on le coupe, soit avec des ciseaux, soit avec l'instrument qui a servi à faire l'incision. Beaucoup de bergers ont l'habitude de couper le cordon avec leurs dents. L'opération terminée, on rapproche les lèvres de la plaie sans employer aucun corps gras. Quelquefois, surtout pour les agneaux qui paraissent faibles, on lave la plaie avec un peu de vin chaud pour exciter l'inflammation et arriver plus promptement à la cicatrisation.

Le berger qui fait cette opération doit veiller à ne pas pratiquer une incision trop grande, afin de ne pas donner une étendue trop considérable à la plaie. Il doit la proportionner au volume des testicules. On est dans l'habitude, dès que l'opération est terminée, de placer un ou deux doigts dans la bouche de l'agneau afin de l'exciter à remuer les mâchoires ; on lui fera faire aussi quelques pas. Ces moyens très-simples sont, dit-on, suffisants pour prévenir le spasme connu sous le nom de tétanos, maladie très-dangereuse et qui survient quelquefois immédiatement après l'opération de la castration.

Pendant les quelques jours qui suivent l'opération, l'agneau devra être laissé en repos et nourri avec soin.

Castration des béliers. — Les agneaux destinés à fournir des béliers ont été choisis et marqués d'avance. On en conserve ordinairement plus qu'on n'a intention d'en garder plus tard, et ceux qui ne se développent pas favorablement et qui ne répondent pas à ce qu'on attendait d'eux sont à leur tour soumis à la castration ; mais alors l'opération ne se fait plus par incision, elle se fait par *ligature*.

Cette castration a été décrite par Daubenton d'abord, puis par Bourgeois, directeur de la bergerie de Rambouillet. La ligature se faisait avec du fouet, et l'opération s'appelait fouetter.

Voici le procédé opératoire. Le berger lie les pieds de l'animal ; il ôte avec les doigts plutôt qu'avec des ciseaux la laine qui recouvre les testicules, sur les parties où passera la ligature, puis il fait glisser les testicules dans le nœud du fouet préparé d'avance, que M. Bourgeois nomme nœud de la saignée.

Pour que la ficelle coule et serre mieux, il est bon de la suifer et de la savonner. A chaque extrémité, le berger attache un morceau de bois, long d'environ $0^m,15$ afin qu'elle ne glisse pas dans les mains de ceux qui la tirent. Le berger commence par serrer seul doucement jusqu'à ce qu'il voie que la ligature est bien à sa place ; il fait descendre les testicules, autant que possible vers l'extrémité des bourses pour que la ligature soit d'autant plus éloignée du ventre et que surtout elle ne prenne pas les deux trayons qui se trouvent tout près et avant les bourses. Lorsque la ligature est bien à sa place, le berger et son aide ayant chacun un genou en terre, et les deux autres jambes s'appuyant pied contre pied pour avoir plus de force, commencent à tirer, chacun de son côté, horizontalement, également, de manière que les testicules restent bien à leur place. Ils tirent assez fortement jusqu'à ce qu'ils sentent que la ficelle ne cède plus. Le berger la passe alors derrière et en la croisant en fait un nœud simple, puis il la ramène devant, il la serre de nouveau et l'arrête par un nœud double. On coupe les deux bouts de la ficelle, et on la couvre de goudron dans tout son pourtour. Celui qui tient le bélier le lâche, le remet sur ses pieds, et lui met un doigt dans la bouche pour prévenir le tétanos.

Au bout de 5 ou 6 jours, les testicules étant atrophiés, on les coupe et on ne s'inquiète plus de la plaie. Il faut seulement avoir attention qu'ils ne soient pas coupés trop près de la ligature.

Bistournage. — Il y a encore une manière de châtrer autre que par incision ou ligature. Cette opération consiste à saisir les testicules et à les tordre si fortement qu'ils ne puissent plus fonctionner. Comme on suppose qu'on les tord deux fois, on appelle l'opération bistourner. On fait remonter les testicules, on lie au-dessous pour qu'ils ne redescendent pas; au bout de quelques jours, on retire la ligature.

Des produits du troupeau.

Nous avons vu déjà quels produits on peut tirer d'un troupeau de moutons ; ce sont : des engrais, des agneaux, des antenais, de la viande de boucherie et enfin de la laine et du lait. Eh bien, ces produits, toutes choses égales d'ailleurs, sont d'autant plus beaux que le berger a plus soin du troupeau.

Depuis un certain temps, des cultivateurs de la Beauce et de la Brie ne se contentent pas de produire chaque année des agneaux pour entretenir leurs troupeaux et remplacer les bêtes défectueuses ou celles qu'ils ont engraissées. Leur proximité de Paris, les facilités de transport par chemin de fer, les déterminent à sacrifier chaque année un certain nombre d'agneaux pour les engraisser tout de suite et les livrer à la boucherie. On agit ainsi surtout avec les moutons à laine longue dont les brebis donnent fréquemment deux agneaux. On destine alors à l'engraissement ceux qui excèdent le nombre des mères existant dans le troupeau. Là, c'est au cultivateur à faire ses calculs et à voir ce qui lui est plus profitable, soit **de garder les agneaux pour** en faire des machines à fumier, à laine, soit de les vendre dès qu'il a eu le temps de les engraisser.

Le Berry et la Sologne vendent des agneaux qui ont dépassé leur première année, qui sont devenus antenais. Les jeunes moutons sont achetés par des fermiers étrangers, qui les transportent en Brie et en Beauce où ils trouvent une nourriture abondante et prennent un grand développement.

Quant aux bêtes de boucherie, il ne faut les garder que jusqu'à l'âge où elles s'engraissent facilement. Cela varie un peu selon les races. Néanmoins, tant qu'on voit les bêtes profiter, se bien nourrir, et leur toison ne pas diminuer sensiblement, on peut sans inconvénient les conserver. D'une façon générale, presque toutes les races peuvent être conservées jusqu'à l'âge de six à sept ans. C'est alors qu'on s'en défait, soit après les avoir engraissées, soit en les vendant à des individus qui se chargent de les engraisser eux-mêmes. Mais il est reconnu aujourd'hui qu'il y a plus d'intérêt à pousser à la production de la viande et à s'occuper de développer et d'entretenir la précocité des races, ce qui permet dans le même espace de temps d'élever deux ou trois fois plus de bêtes à laine, et par conséquent de multiplier ses profits en proportion.

De la traite. — Cette opération n'a guère lieu d'une façon sérieuse qu'à Roquefort, village de l'arrondissement de Saint-Affrique, département de l'Aveyron, où l'on fabrique avec le lait des brebis le fromage de Roquefort. Les pâturages occupent une superficie d'environ 60 lieues carrées, les troupeaux les parcourent depuis le mois d'avril jusqu'à la fin de novembre; ils parquent pendant la nuit, excepté dans les temps de pluie; en hiver, ils restent dans les bergeries, on ne les sort que le jour, quelques heures après le lever du soleil.

On estime qu'une brebis donne par jour, à peu près 4 décilitres de lait depuis le commencement de mai jusqu'à la mi-juillet : c'est la période du plus fort rendement ; la décroissance se manifeste après la tonte de la laine. Les agneaux naissent en mars : on garde les agnelettes et les mâles nécessaires à l'entretien du troupeau, le surplus est envoyé à la boucherie à l'âge de trois semaines.

La manière de traire les brebis dans le Larzac est singulière, et M. Girou de Buzareingues l'a considérée comme la cause de l'ampleur de l'appareil mammaire des moutons de ce pays. Quatorze ou quinze hommes sont employés du soir au matin pour traire quatre à cinq cents bêtes ; lorsqu'ils ne peuvent plus faire sortir du lait du trayon, ils frappent avec force les mamelles, du revers de la main, pour faire affluer le lait, qui alors est de beaucoup plus riche en beurre. Mais faut-il encore ne pas frapper trop brusquement, comme le font souvent les gens de la campagne, sans quoi on peut déterminer l'inflammation et par suite la gangrène des mamelles. La traite doit être douce et bien graduée et les coups du revers de main doivent être légers et mesurés. On estime qu'une brebis portière du Larzac fournit annuellement 8 à 9 kilogrammes de fromage, et qu'elle rend comme produit moyen une rente de 15 fr., à savoir :

Fromage	9 fr.
Laine	4 fr.
Un agneau	2 fr.

A Roquefort, de 100 kilogrammes de lait de bre-

bis on obtient 28 kilogrammes de fromage, valant
1 fr. 40 le kilogramme. Prenant 1,033 pour la den-
sité du lait, on voit que sous forme de fromage le
lait est vendu 0 fr. 30 le litre.

De la tonte.

> *Le bon pasteur*
> *Tond son troupeau*
> *Sans l'écorcher*
> *Et sans toucher*
> *Ni cuir ni peau.*
> (Vieux proverbe.)

Chaque année, le mouton doit être dépouillé de sa
toison. Mais l'époque de la tonte n'est pas indiffé-
rente, et Daubenton s'est trompé quand, pour donner
un signe certain de la nécessité de tondre, il a indiqué le moment où il prétend que la nouvelle laine
chasse l'ancienne. Il n'en est point des moutons
comme des chevaux, qui ont un poil d'hiver et un
poil d'été et en changent ainsi tous les ans. La
laine d'un mouton, à moins d'une maladie ou du
mauvais état de l'animal, pousse et s'attache toujours. On est sûr que pendant plusieurs années il
conserve sa toison, qui augmente de poids et de longueur. Ce sont les mêmes brins qui prennent de l'accroissement. Au bout de quelque temps, la gêne
qu'éprouvent les animaux, la poussière qui les charge,
les insectes qui les dévorent, les forcent de se frotter, et c'est ce qui leur fait perdre de la laine. Il est
si vrai, dit Tessier, que c'est le même brin qui s'allonge, que quand on n'a pas tondu une bête dans

l'état d'agneau, la laine, lorsqu'elle a atteint la deuxième année, est moins fine qu'elle n'eût été si on l'avait tondue douze mois auparavant.

Ce qui doit déterminer l'époque d'une tonte, c'est en général l'approche du temps chaud; les animaux souffrent alors du poids de leur toison, il faut donc les en débarrasser; ce moment ne saurait être le même pour tous les climats; un autre motif peut encore le fixer.

Lorsqu'ils doivent transhumer, il convient de les tondre immédiatement avant leur départ dans les montagnes. Un propriétaire qui voudrait faire voyager un troupeau d'un point à un autre de la France à une certaine distance, prendrait la même précaution afin qu'il marchât plus facilement. Si des bêtes avaient la gale tellement abondante qu'il fallût traiter à la fois toute la surface du corps, il serait nécessaire de les tondre plus tôt.

Dans le midi de la France, la tonte se fait vers le milieu de mai, et au nord, à la fin de juin; on choisit pour les béliers et les brebis un temps qui ne soit ni chaud ni froid. Dans les pays où les agneaux naissent en décembre et janvier, on les tond la première année; il y a même des propriétaires qui les font tondre avant les brebis, afin que la nouvelle laine ait repoussé lorsqu'on les met coucher au parc; ordinairement, on ne les tond que trois semaines après leur mère, afin que leur laine se fortifie et qu'ils ne soient pas exposés trop jeunes à l'impression de l'air.

Quant à l'opération de la tonte, elle se pratique avec des ciseaux de différente grandeur. Ceux qu'on appelle *forces* sont les meilleurs, parce que les leviers en sont longs et que le point d'appui est dans la main du tondeur, qui ne fait que presser un ressort.

Beaucoup de cultivateurs ont l'habitude, avant de procéder à la tonte, de renfermer leurs moutons pendant deux ou trois jours dans une bergerie bien close et bien chaude afin d'exciter la sueur des moutons à tondre ; par ce procédé l'opération est, dit-on, moins nuisible aux animaux ; elle donne à la toison plus de suint, ce qui en favoriserait le lavage à blanc ; le poids de la laine serait augmenté. Ces moyens que le lucre indique sont dangereux : cette surexcitation à la sueur détermine des congestions sur les bêtes vigoureuses et sanguines et l'épuisement chez celles qui sont cachectiques.

En choisissant pour la tonte un temps chaud, on a moins besoin de faire suer les animaux. Si l'on est obligé d'opérer lorsque l'air est encore froid, on a soin, au sortir de la main du tondeur, de mettre les bêtes dans un endroit tempéré pendant quelques jours.

On a encore l'habitude dans les pays où l'on a de l'eau à sa disposition, de faire précéder la tonte du lavage des toisons sur le dos des animaux. Daubenton l'a conseillé parce qu'on le pratiquait dans le pays qu'il habitait, mais il n'en a pas connu les inconvénients. Tessier dit qu'il donne beaucoup de peine et ne diminue en rien l'opération en grand qui se fait ensuite, soit dans les lavoirs, soit chez les fabricants. Il ajoute qu'on peut laver à dos des laines longues et rares, mais bien difficilement des laines touffues comme celles des mérinos ; ce lavage peut être aussi un danger pour les bêtes cachectiques. M. Sanson corrobore les idées de Tessier : il pense qu'il vaudrait mieux laver les laines après qu'elles ont été tondues; il y aurait, selon lui, le triple avantage de ne point exposer les animaux aux dangers du bain, de pouvoir disposer, à sa guise, les conditions de dessiccation de la laine et d'utiliser les eaux de lavage contenant des matières fertilisantes à l'arrosage des fumiers.

Opération de la tonte. — La place où se fait la tonte doit être toujours propre, cela est indispensable. Quant aux procédés de la tonte, quoique extrêmement simples, ils varient suivant les pays. Partout l'animal doit avoir les pattes attachées avec des liens en lisière, afin qu'il soit dans l'impossibilité d'exécuter aucun mouvement; les liens de lisière sont de beaucoup préférables aux cordes et même aux lanières de cuir, parce qu'ils ne risquent jamais de blesser l'animal, qui souvent se débat beaucoup au moment où on l'attache. Tantôt on place la bête ainsi attachée sur une table, et le tondeur se met à l'œuvre en s'asseyant ou restant debout. Tantôt, au contraire, le tondeur est assis à terre et place le mouton entre ses jambes.

Une fois l'animal bien placé, à l'aide des *forces*, dont nous avons parlé plus haut, on commence à tondre, et, pour bien opérer, il faut couper la laine le plus près possible de la peau, sans laisser de sillons, sans blesser l'animal. Un tondeur bien exercé peut expédier une quarantaine de bêtes par jour ; mais quand on a affaire à des mérinos dont la laine est abondante et tassée, on ne peut guère en tondre que 20 à 24 si ce sont des brebis, et 15 à 20 si ce sont des béliers [1].

1. Nous venons de voir au concours régional de Soissons fonctionner une nouvelle tondeuse : c'est la tondeuse système

Malgré toute l'attention du tondeur, les bêtes par leurs mouvements d'impatience se font quelquefois couper. Il faut alors appliquer immédiatement sur la plaie du charbon de bois pulvérisé ou du charbon de forge de maréchalerie, de serrurerie ou de l'ardoise pilée ; par ce moyen, on empêche qu'il y ait des plaies, et l'on écarte les mouches de ces coupures.

La toison détachée, il n'y a plus qu'à la lier. Pour cela, on porte la toison sur une table où on l'étend, en ayant soin de placer la partie tondue en dessous. Alors on sépare les brins de paille s'il y en a, le fumier durci qui s'y trouve quelquefois ; puis, en rejetant les parties antérieures vers le milieu, on en forme une balle ronde qu'on lie avec une grosse ficelle en tirant fortement.

Ces opérations de la tonte sont généralement faites par des tondeurs spéciaux ; nous avons cru néanmoins devoir les indiquer, parce que beaucoup de bergers dans les petites fermes les pratiquent eux-mêmes, et il leur importe, en tout cas, de connaître les avantages et les dangers de ces opérations, qui peuvent avoir des conséquences sérieuses sur la santé des moutons.

Marques du troupeau.

Le berger d'un troupeau peu nombreux et sédentaire n'a besoin d'aucune marque pour reconnaître chaque bête. Si le troupeau est considérable, cela devient une nécessité et surtout lorsque les animaux qui le composent appartiennent à différents

Zimmermann, chez Picard, rue de Rivoli, 6. Nous la recommandons aux bergers.

propriétaires, comme dans les troupeaux des communautés, principalement au temps du pâturage et encore bien plus quand on les mène dans les montagnes ou quand on les fait voyager.

On marque les bêtes à laine à diverses parties du corps : à la face, à l'oreille, sur le chignon, sur le garrot, sur la croupe et sur les flancs. — Les marques les plus durables sont celles qu'on fait à la face avec un fer chaud, à l'oreille en la perçant ou en amputant une partie. Les autres ne se faisant que sur la laine s'effacent par le suint, les pluies, la poussière ou la boue ; lors de la tonte, il faut les recommencer.

Pour celles-ci, on emploie du noir ou de la couleur rouge, jaune ou bleue. — Le noir se fait avec un mélange de noir de fumée ou de goudron et d'huile ; on l'appelle terque : le bleu avec l'indigo, le rouge et le jaune avec de l'ocre, de l'huile et un peu de farine.

Dans quelques pays, on ne teint qu'un flocon de la laine la plus longue qu'on entrelace avec un flocon de laine blanche et qu'on arrête par un nœud, ce qui ne peut avoir lieu que quelque temps après la tonte.

Les éleveurs et les cultivateurs qui ont un nombreux troupeau marquent leurs moutons à l'oreille à l'aide d'un emporte-pièce, qui forme des trous ou entailles sur les bords de l'oreille et dans toute son étendue et qui ont une valeur conventionnelle.

Voici le procédé adopté à Alfort qui permet d'écrire jusqu'au nombre 9,999.

Les unités sont marquées par les entailles du bord antérieur de l'oreille gauche ; les dizaines par celles du bord antérieur de la droite, les centaines par celles du bord postérieur de la gauche et les mille par celles du bord postérieur de la droite. A la pointe de l'oreille gauche, une entaille vaut cinq unités; à celle de droite, elle en vaut cinquante. Un trou dans l'oreille gauche en vaut cinq cents; dans la droite, il en vaut cinq mille. Ainsi avec neuf entailles à chacune des oreilles, puis un trou, on arrive à 9,999 comme nous l'avons dit; et l'on peut facilement comprendre comment se marquent les nombres intermédiaires depuis 9 jusqu'à celui-là.

Les entailles et les trous se marquent avec une pince à emporte-pièce.

D'autres personnes préfèrent le tatouage comme étant plus facile à pratiquer et plus aisé à reconnaître. On a pour cela des chiffres formés d'un assemblage de petites pointes, et qui se fixent à une pince et à l'aide de cet instrument on écrit le numéro du mouton sur la partie intérieure de son oreille. La pince à tatouer qu'on préfère, c'est celle de M. Paul François ; elle est d'un emploi beaucoup plus facile et plus rapide que les autres pinces, puisque, au lieu d'être obligé de remonter successivement chaque numéro, il suffit de faire tourner la molette pour mettre en face de la branche plate de la pince le numéro qu'on désire imprimer sur l'oreille du mouton.

Pour employer cette pince, l'opérateur, prenant le mouton entre ses jambes, saisit l'oreille entre les deux *mâchoires* de l'instrument, en ayant soin de placer la molette à l'intérieur et la branche plate à l'extérieur de l'oreille. La pression doit être fort modérée, car il est au moins inutile de traverser l'oreille de part en part : il suffit que la peau de l'intérieur de l'oreille soit percée pour que la marque soit ineffaçable. La seconde partie de l'opération consiste à frotter la petite plaie avec une couleur quelconque ou même avec du charbon pilé ou de la poudre à fusil légèrement mouillée. Les pointes de l'instrument peuvent être enduites de la couleur, ou les piqûres peuvent se pratiquer à sec et la couleur introduite par frottement sur la partie piquée.

Le tatouage est, comme on le voit, une marque beaucoup plus pratique : il prend moins de place que les entailles, il multiplie les indications, il est plus rapidement lisible.

Béliers marqués à la corne — Les béliers mérinos sont faciles à marquer. On leur imprime le numéro sur une corne avec un fer chaud.

Comment les bergers peuvent-ils reconnaître l'âge des moutons.

Avant de terminer l'exposé des connaissances que doivent avoir les bergers sur leur troupeau, nous leur indiquerons les moyens de reconnaître l'âge de leurs bêtes.

Pour connaître l'âge des moutons, il faut consulter les dents, qui se montrent généralement à des époques déterminées.

Les mâchoires du mouton, comme celles du bouc et de la chèvre, sont pourvues de trente-deux dents, dont vingt-quatre molaires et huit incisives.

Pendant les cinq premières années, l'âge ne se reconnaît qu'aux incisives, et l'on sait que les bêtes à laine n'ont de dents incisives qu'à la mâchoire inférieure ; elles sont remplacées à la mâchoire supérieure par un bourrelet cartilagineux.

La 1re année, il paraît huit dents incisives, qui sont des dents de lait. L'animal porte alors le nom d'agneau ou d'agnelle, selon qu'il est mâle ou femelle. Il naît avec ces huit dents, ou s'il lui en manque quelques-unes, elles ne tardent pas à percer. Ces dents sont disposées par paires.

Les deux premières ou centrales, contiguës l'une à l'autre, sont les pinces ; les deux suivantes, de chaque côté, sont les premières mitoyennes ; les deux autres, les secondes mitoyennes ; enfin les deux dernières, les coins. Ces premières dents incisives ont peu de largeur et sont tranchantes par le bout.

La 2e année, les deux pinces, ainsi nommées parce qu'elles pincent mieux l'herbe, tombent pour être remplacées par deux nouvelles, plus larges que les six autres qui restent. L'agneau prend alors le nom d'antenais.

La 3e année, les deux premières mitoyennes tombent à leur tour et sont remplacées par des dents d'adulte, et la bête est dite bête de quatre dents, en sorte qu'il y a alors quatre dents larges et quatre dents de lait.

La 4e année, les secondes mitoyennes tombent et la bête devient bête de six dents.

Enfin, la 5e année, les deux coins ne subsistent plus et les huit dents sont des dents larges.

Il arrive souvent qu'en regardant avec attention la bouche d'une bête on croit qu'elle a toutes ses dents d'adulte, tandis qu'elle en a seulement six ; les coins, dents de lait, sont alors cachés derrière les secondes mitoyennes. Les dents d'adulte étant plus larges que les dents d'agneau, les six secondes dents occupent autant de place qu'en occupaient les huit dents de lait.

Telle est la marche régulière de la dentition, mais elle ne s'opère pas toujours avec cette régularité et la chute des dents est souvent avancée ou retardée. Déjà Tessier avait remarqué que chez les mérinos bien nourris la chute des deux premières dents d'agneau précède le plus souvent de six mois l'époque de celle des races indigènes.

M. Sanson a confirmé cette observation et l'a généralisée.

L'éruption des dents permanentes est, dit-il, ordinairement corrélative du développement ou de l'accroissement du squelette; lorsque toutes les épiphyses sont soudées, le sujet est pourvu de toutes ses dents de remplacement. L'état de précocité se caractérise essentiellement par la soudure hâtive des épiphyses. En sorte que les indications tirées de l'état de la dentition pour la connaissance de l'âge telles qu'elles nous ont été enseignées par nos devanciers, ne sont plus applicables à tous les individus indistinctement. Fondées sur l'observation des sujets soumis au régime le plus commun, elles sont devenues fautives quant aux races et aux individus précoces; c'est une nouvelle étude à faire et dont les approximations, en aucun cas, ne sauraient être aussi rigoureuses. On n'est jamais bien fixé sur le degré de précocité, celle-ci étant le plus souvent une qualité individuelle, du moins quant à sa mesure. Tout en reconnaissant la justesse des observations du savant professeur de Grignon, les indications que nous avons données ne sont pas moins bonnes à retenir comme indication générale.

Quand les cinq ans sont accomplis, on peut encore tirer quelque indication de l'état des dents; mais il faut bien s'y connaître et être très-exercé;

alors on se guide sur l'usure et sur la disposition de ces os. Ils s'usent en effet de deux manières ; le plus ordinairement c'est en dedans, par l'effacement en biseau ou d'une manière oblique.

Dans l'autre manière, les bords des dents sont comme limés presque horizontalement et non en plan incliné, comme dans le premier cas ; il s'y forme aussi des brèches, le plus souvent entre les deux dents du milieu ou à leur extrémité.

En tout cas, on sait que toutes les dents ont une partie libre, aplatie en forme de palette, entièrement recouverte d'émail dentaire, tranchante à son bord, portant à sa face supérieure qui est la table dentaire deux sillons latéraux où se dépose du tartre qui leur donne une teinte plus foncée ; il est facile de s'apercevoir que la table dentaire diminue de longueur en se taillant en biseau, ce qui fait bientôt apparaître entre les deux surfaces émaillées de sa superficie la couche d'ivoire dentaire qui les sépare. Celle-ci va s'épaississant à mesure que l'animal avance en âge, et un moment arrive où, le collet étant lui-même entamé, le cornet dentaire de la racine apparaît par son fond d'ivoire au milieu du reste de l'émail. La marque qui en résulte est appelée étoile dentaire. Alors les dents sont toutes plus ou moins séparées les unes des autres. L'espace qui sépare surtout les deux dents du milieu de l'arcade incisive se nomme queue d'aronde ou encore queue d'hironde.

Ajoutez à ces signes que, quand la bête vieillit, les gencives se retirent, les dents s'élèvent hors de leurs alvéoles et paraissent être plus longues ; elles deviennent jaunes et se dirigent en avant ; enfin, la forme des dents, qui est en général pyramidale ayant la base à l'extrémité et la pointe dans l'alvéole, se rapproche dans la vieillesse de la forme cylindrique, c'est-à-dire qu'elle devient plus égale dans sa longueur.

Tessier fait observer que les mérinos, par un avantage de leur constitution, gardent leurs dents plus longtemps que les autres races, quoique chez eux celles de remplacement aient été plus hâtives.

L'habitude de vivre au milieu des troupeaux, de les observer, de les manier souvent, donne encore des moyens de découvrir les âges, quand on n'a plus d'indice certain par l'inspection des dents. En voyant les yeux moins vifs, les lèvres pendantes, les naseaux ridés, on peut juger qu'un animal n'est plus jeune.

La nourriture a une grande influence sur l'usure des dents. Cette usure a lieu beaucoup plus rapidement chez les bêtes qui pâturent sur un sol sablonneux que chez celles qui se nourrissent sur un sol argileux. On rencontre souvent des brebis de huit ans et même moins dont les dents sont si mauvaises qu'on est obligé de les réformer, tandis que d'autres se conservent bonnes jusqu'à l'âge de 11 ou 12 ans, qui est le terme moyen de l'existence d'une brebis, mais on ne les laisse pas arriver jusqu'à cet âge. Les bêtes à laine sont engraissées et vendues avant cette époque.

Maladies des bêtes à laine.

La plus grande préoccupation d'un berger doit être la santé de son troupeau. Aussi lui importe-t-il non-seulement de connaître les principes d'hygiène

qui, bien appliqués, feront que son troupeau sera
dérangé le moins souvent possible, mais il lui est
utile de savoir reconnaître les maladies auxquelles les moutons sont le plus sujets pour pouvoir
leur donner les premiers soins qu'ils réclament, surtout quand ils tombent malades dans les champs,
qu'ils sont éloignés de la ferme et que le temps
d'aller chercher un vétérinaire peut aggraver une
maladie au point que l'animal soit exposé à mourir.
Mais encore une fois, c'est sur la médecine hygiéni-
que que le berger doit le plus compter; un bon régime, beaucoup d'attention à suivre exactement les
indications que nous avons données pour la nourriture, pour le logement, la conduite du troupeau,
sont les moyens les plus certains de leur éviter des
maladies. Le berger a tout à gagner à conserver
son troupeau en bon état de santé; il s'épargne des
embarras, et il obtient de meilleurs produits, ce qui
procure de grandes satisfactions au propriétaire
qui, voyant son troupeau exempt de maladies, et
lui rapporter de beaux bénéfices, n'en estime que
plus son berger et doit le payer davantage. Si, à
ces bons soins hygiéniques, le berger sait appliquer
les premiers remèdes aux moutons malades, il peut
rendre encore d'immenses services au cultivateur.
C'est dans ce but que nous allons donner au berger
les indications les plus essentielles pour reconnaître
les maladies et les meilleurs remèdes à employer
immédiatement.

Du claveau.

Cette maladie étant des plus fréquentes et des plus
graves, nous commencerons par elle. Et d'abord,

nous dirons que suivant le pays on la désigne sous le nom de *bête*, bourgeon, caraque, clavée, clavillière, clavin, glavelade, gamise, gramadure, liarre, peste, picote, pustulade, rache, rougeole verette, petite vérole, etc. Cette maladie est essentiellement contagieuse ; elle est caractérisée par l'éruption de gros boutons arrondis qui s'aplatissent bientôt vers leur centre, entrent en suppuration, puis se dessèchent et sont remplacés par une croûte qui se détache en laissant une cicatrice blanchâtre. L'éruption de ces boutons ou pustules claveleuses est précédée par la fièvre, et elle s'accompagne de jetage par le nez et d'une irritation des yeux qui deviennent chassieux et larmoyants.

On distingue deux sortes de claveau, comme il y a deux sortes de petite vérole : l'un est discret ou bénin ; l'autre confluent ou malin, suivant que les boutons sont plus ou moins abondants et serrés les uns contre les autres.

Le claveau confluent est toujours grave, souvent mortel ; il tue quelquefois plus de la moitié d'une bergerie ; il ne ménage rien : on le voit dans tous les pays, il attaque les troupeaux nourris, dirigés et conduits de diverses manières ; il ne distingue ni le tempérament, ni le sexe, ni l'âge, il frappe aussi bien les béliers, les brebis, les moutons que les agneaux, les forts et les faibles y sont tous exposés et peuvent en être tous victimes. S'il se complique de la maladie du sang ou de la pourriture, il en aggrave les dangers et alors il se termine par la mort.

Cette maladie est essentiellement contagieuse, elle peut durer quelque temps, parce que les animaux ne sont attaqués que les uns après les autres ; cette durée est de trois à six mois.

Le traitement du claveau ne nécessite habituellement que des soins hygiéniques. Il importe seulement de surveiller l'éruption par l'administration d'excitants généraux lorsqu'elle se fait lentement, de la modérer par des boissons tempérantes par du sel de nitre jeté dans l'eau des abreuvoirs, lorsque la fièvre se montre très-intense.

Une mesure qui permet de borner sa durée complète et d'atténuer énormément la gravité de cette maladie, c'est de l'inoculer aux animaux qu'on soupçonne devoir en être atteints.

Tessier a fait des expériences à cet égard dès 1786; on peut en lire les détails dans les mémoires de la Société royale de médecine de cette époque.

Inoculation du claveau. — A défaut du vétérinaire, le berger peut pratiquer la clavelisation. Pour cela, il fait avec une lancette aux aisselles et sous les cuisses de petites incisions superficielles qui n'effleurent que la peau en divisant seulement l'épiderme; on trempe ensuite cette même lancette dans la matière que contiennent les boutons claveleux; on l'introduit dans les incisions, en passant le doigt dessus pour que les vaisseaux en absorbent davantage; trois ou quatre incisions suffisent pour donner le claveau.

Voici les résultats obtenus par l'inoculation du claveau.

Quand le claveau apparaît sur des moutons qui n'ont pas été soumis à la clavelisation, la mortalité est au minimum de 20 pour 100; elle atteint parfois les deux tiers et même la presque totalité du troupeau. Quand, au contraire, les moutons ont été inoculés, la mortalité ne dépasse pas 2 pour cent.

La clavelisation est donc une opération essentiellement économique et rationnelle aussi bien pour la police sanitaire que pour l'intérêt privé. Il est donc très-important qu'un berger en connaisse la pratique, en sache les bons effets pour y déterminer le propriétaire.

Le berger dont le troupeau est atteint du claveau aura soin en outre d'éviter toute communication avec des troupeaux sains, car la contagion se transmet par le berger, par les chiens, les poils, les ustensiles, qui sont autant que les herbes et les fourrages des voies de communication.

Un moyen énergique qu'un berger intelligent doit conseiller au propriétaire, c'est d'abattre les premières bêtes atteintes de la maladie et de les enterrer profondément. On a par ce sacrifice pu préserver un troupeau tout entier.

Si, malgré toutes ces précautions, le claveau a envahi la bergerie, le berger, à mesure que les bêtes tomberont malades, devra les séparer de celles qui ne le sont pas et les réunir dans un endroit à part. Si c'est en été, le berger aérera le plus possible cet endroit; en hiver, il le tiendra à une température douce; il sera nécessaire d'y entretenir la plus grande propreté; tout ce qui en sortira, fumier, bêtes mortes et ustensiles, sera mis hors de la portée des autres animaux, afin de ne point communiquer la maladie.

Le berger ne remettra les bêtes qui auront été malades avec celles qui sont saines qu'après qu'il se sera écoulé deux mois depuis qu'elles auront été attaquées, et encore faudra-t-il qu'il ait soin de les bien laver et purifier les bergeries.

Le charbon, sang de rate, maladie du sang
fièvre charbonneuse.

Cette maladie règne surtout dans les pays où il y a de nombreux troupeaux de moutons, en Beauce, en Brie, en Bourgogne, en Champagne ; elle sévit avec moins d'intensité sur les chevaux et les vaches. Il meurt en Beauce cent moutons contre un cheval et deux vaches.

Le sang de rate se reconnaît très facilement. L'animal cesse de manger et porte bas la tête ; s'il est en marche, il s'arrête et paraît essoufflé ; il a la conjonctive et la muqueuse nasales injectées, la muqueuse buccale, surtout celle qui tapisse la lèvre inférieure, parsemée de plaques violacées ; le pouls est petit, les battements du cœur tumultueux, la température du corps sensiblement abaissée.

Si l'on serre le nez de l'animal pendant quelques secondes, il se met à uriner un liquide sanguinolent. Puis viennent les tremblements généraux, les pleurs, les troubles de la vue, la sortie du sang par les ouvertures naturelles, les œdèmes dans les différentes régions du corps, les convulsions et la mort.

La marche est souvent plus rapide. Des animaux gais et jouissant en apparence d'une santé parfaite tombent pendant leur repas et succombent dans des convulsions qui ne dépassent guère quelques minutes ou ils restent couchés après leur chute, ne peuvent plus se relever et meurent.

Malgré toutes les études faites jusqu'ici par les vétérinaires pour découvrir la cause de cette maladie, toutes leurs recherches étaient restées in-fructueuses. Ce n'est qu'en 1850 que M. Davaine a découvert dans le sang des bêtes atteintes de la maladie charbonneuse des filaments visibles seulement au microscope, appelés bactéridies et que M. Davaine a signalés comme le principe contagieux et la cause du sang de rate, de la maladie char-bonneuse. La découverte de M. Davaine avait été contestée, quand M. Pasteur est venu la confirmer et en tirer des conséquences toutes nouvelles. Il a montré comment les bactéridies peuvent pénétrer chez les animaux et déterminer la maladie du sang.

Une des principales voies d'introduction dans l'économie animale de ces êtres infectieux, c'est l'alimentation.

M. Pasteur fit manger à un troupeau de moutons de l'herbe imprégnée de bactéridies char-bonneuses ; beaucoup n'en moururent point ; mais quand à l'herbe étaient mêlées des feuilles de chardon, des barbes d'épis d'orge, de tout ce qui peut excorier la muqueuse, alors la mortalité était pour ainsi dire infaillible.

M. Pasteur a reconnu, en outre, que, même après l'enfouissement des moutons morts de la maladie charbonneuse, les bactéridies peuvent remonter jusqu'à fleur du sol, ramenées qu'elles sont par les vers de terre.

Il résulte de là qu'on devra avoir soin de ne jamais enfouir des animaux morts du charbon dans des champs destinés soit à des récoltes de fourrages, soit au parcage des moutons. Toutes les fois que cela sera possible, on devra choisir pour l'enfouissement des terrains sablonneux ou calcaires, mais très maigres, peu humides et de dessiccation facile, peu propres en un mot à la vie des vers de terre.

De plus, M. Pasteur a démontré que les bactéridies cause de certaines maladies, étant convenablement atténuées, peuvent devenir le moyen préservateur de cette même affection, absolument comme l'inoculation de la vaccine provenant des animaux préserve l'homme de la variole ou en atténue considérablement l'intensité. D'où l'idée d'inoculer les bactéridies pour préserver les moutons de la maladie charbonneuse.

Les expériences de Pouilly-le-Fort, d'Alfort et de Chartres sur la vaccination de la fièvre charbonneuse ont abouti à des résultats si convaincants qu'un grand nombre d'agriculteurs se sont empressés de faire mettre les troupeaux sous la protection de cette mesure de prophylaxie démontrée si efficace.

Charbon symptomatique.

Depuis Chabert, le deuxième directeur de l'Ecole d'Alfort, on confondait sous le nom de charbon deux maladies qui avaient entre elles d'assez grands caractères de similitudes extérieures, mais entre lesquelles existait cette différence fondamentale. Ainsi, tandis que l'une, la fièvre charbonneuse, était inoculable par le sang, l'autre, celle à laquelle Chabert a donné le nom de charbon symptomatique, ne l'était pas. Est-ce que cette différence de caractère n'impliquerait pas entre ces deux maladies une différence de nature ? C'est ce que trois jeunes expérimentateurs, MM. Arloing et Cornevin, professeurs à l'École vétérinaire de Lyon, et

M. Thomas, vétérinaire à Dammartin, ont démontré par leurs recherches.

Le charbon symptomatique est une maladie d'une autre nature que la fièvre charbonneuse; comme celle-ci, il dépend d'un microbe, mais d'une autre espèce que la bactéridie.

Caractères différentiels. — L'inoculation de la bactéridie ne donne lieu à l'endroit où elle a été faite qu'à des phénomènes peu accusés de gonflement œdémateux assez circonscrit.

L'inoculation du microbe du charbon symptomatique se traduit presque toujours sur les animaux susceptibles par le développement d'une tumeur rapidement grandissante, constituée tout à la fois par une infiltration séreuse et sanguine, et par le dégagement de gaz dans les interstices des tissus. D'où l'état de tension et la sonorité de ces tumeurs lorsqu'on les percute. Elles sont le signe d'une fermentation qui s'est opérée sur place sous l'influence du ferment qui constitue le microbe propre à cette maladie.

Autre caractère distinctif. — Tandis que le microbe du charbon bactéridien introduit dans le sang donne lieu par sa pullulation rapide à une fièvre charbonneuse mortelle à bref délai, le microbe du charbon symptomatique ne détermine dans les mêmes conditions qu'une fièvre très modérée, très éphémère.

Le charbon symptomatique peut aussi bien que la fièvre charbonneuse être enrayé par l'inoculation du microbe qui l'a causé; mais cette inoculation ne se fait pas, comme celle de la bactéridie, par une simple piqûre à la peau; elle doit avoir lieu dans le torrent même de la circulation, directement dans une veine : la jugulaire, la fémorale, et au lieu, comme dans l'inoculation bactéridienne, de se servir d'un virus atténué artificiellement dans les conditions de milieu où on l'a mis avant de l'inoculer, on emploie le virus dans toute son énergie, on le porte dans le milieu sanguin, où l'expérience a appris qu'il devait rencontrer sûrement les conditions d'une atténuation telle qu'il s'y transforme en vaccin.

Les expériences faites à Chaumont ont démontré l'exactitude de cette théorie, d'où il résulte que le charbon symptomatique peut être enrayé par la vaccination intra-veineuse du microbe, de même que les expériences de Pouilly-le-Fort et de Melun ont montré l'efficacité de la vaccination bactéridienne contre le sang de rate ou fièvre charbonneuse.

La pourriture.

La pourriture est complétement différente du sang de rate. Dans celle-ci, le sang est trop épais et trop abondant ; dans celle-là, au contraire, il est trop fluide. C'est encore Tessier qui a le premier et le mieux étudié cette maladie, qui est connue aussi sous le nom de mal de foie, foie pourri ou douvé, hydatides, la douve, l'hydropisie, la boule, la bouteille, le gamer, la ganache, la jaunisse, le goître, la cloche.

Symptômes. — La pourriture se caractérise essentiellement au début par la pâleur de la membrane de l'œil, bientôt suivie du développement sous la gorge d'une tumeur d'apparence goîtreuse et désignée vulgairement sous le nom de bouteille.

Quand la bête à laine en est menacée, elle a une

démarche languissante, tous ses mouvements sont faibles ; elle mange moins que les autres et ne rumine pas aussi bien ; puis on remarque que les yeux sont pâles et décolorés ; en appuyant la main sur la croupe, elle s'affaisse quand on lui prend le pied, elle ne fait pas de résistance. Si l'on tire la laine, elle se détache facilement et, quand la maladie est très-avancée, une tumeur aqueuse se montre sous la ganache : c'est, dit Tessier, l'effet d'une infiltration sous la peau qui se dissipe le matin, parce que dans la nuit le mouton n'a pas eu, comme dans le jour, la tête penchée et inclinée vers la terre. Ce symptôme est un de ceux qui frappent le plus, et il annonce presque toujours une perte prochaine.

Si le berger ouvre le corps, il trouve en général les chairs livides, les viscères blafards, les membranes infiltrées, de l'eau épanchée dans le bas-ventre, dans la poitrine et dans la tête, des hydatides dans ces cavités et sur la surface du poumon et du foie qui est pâle et dans un état de décomposition. Cette maladie est une véritable cachexie.

La lenteur avec laquelle la maladie procède, les symptômes qui se manifestent pendant la durée et ce qu'on découvre à l'ouverture du corps après la mort, tout annonce que le mal vient d'une abondance de fluide aqueux.

Aussi, toutes les fois que le berger fera paître en tout temps ses animaux dans des prairies humides, qu'il les fera sortir par les brouillards, qu'ils séjourneront au parc sur un sol argileux, que leur bergerie ne sera pas assise sur un terrain sec, il les exposera à la pourriture : elle les attaquera d'autant plus facilement qu'on les aura mal nourris.

On comprend donc que cette maladie soit particulière à la Sologne, comme le sang de rate est spécial à la Beauce ; cette maladie dépendant d'une cause générale, elle se montre le plus souvent sur le troupeau tout entier, mais cependant à des degrés divers.

Quantité de moyens ont été recommandés pour arrêter la marche de la pourriture. Ils ont tous pour base l'emploi des toniques. Aux premiers indices de la pourriture, le berger mettra du fer dans la boisson des bêtes à laine, il leur fera boire des décoctions aromatiques, de l'avoine ou des grains quelconques, des fourrages secs et salés.

La couperose verte, à la dose d'un gramme par litre d'eau dans les boissons, et d'un gramme par jour et par tête sous forme de poudre en mélange avec dix grammes de sel de cuisine, administrée dans les aliments, a donné, paraît-il, comme moyen curatif, de bons résultats. Il en est de même d'une galette faite avec de la farine de lupin mêlée de suie de cheminée et salée.

M. Sanson cite un agriculteur de l'Ariége qui prévient le développement de la pourriture en faisant consommer à ses moutons de l'écorce d'osier.

Bien administrés, dit M. Magne, les médicaments, notamment les ferrugineux et le sel de cuisine, sont utiles, c'est incontestable, pour combattre l'appauvrissement du sang et raffermir les tissus ; mais, ajoute-t-il, leur action ne peut être que secondaire ; seuls, les bons aliments constituent un préservatif efficace de la pourriture, tandis que les remèdes, s'ils ne sont donnés avec une nourriture convenable, ne produisent aucun effet.

Maladies du pied.

Une multitude de causes peuvent faire boiter les moutons ; la fatigue d'un grand voyage, l'introduction dans le pied des moutons de corps étrangers, chaumes, clous, épingles, etc., et aussi les blessures par le verre, les cailloux et autres matières, puis aussi la corne qui s'allonge outre mesure, se contourne et vient agir comme un corps étranger et détermine la boiterie en général. Ces maladies accidentelles n'ont rien de grave et il suffit qu'un berger ait un peu d'attention pour prévenir ces accidents et au besoin pour les guérir. Il suffit d'extraire le corps étranger, de panser la plaie avec une eau tonique, et de couper l'onglon lorsqu'il prend trop de développement.

Mais parmi les maladies du pied il en est deux qui sont plus graves et qu'on a souvent confondues : ce sont le piétin et le fourchet.

Le piétin.

Le piétin, connu aussi sous le nom de limace, de pourriture du pied, de crapaud, résulte d'une inflammation spécifique ulcéreuse du corps sécréteur de la corne ; il se manifeste par une boiterie qui détruit, en la gênant, la régularité de la marche, et par une douleur au repos qui force l'animal à piétiner sur place, d'où le nom même de la maladie, bientôt caractérisée par des altérations de tissus qui sont souvent assez graves.

Les lésions locales sont un décollement plus ou moins considérable de l'onglon et aussi une sécrétion sous les parties décollées d'une matière d'apparence caséeuse semblable à du fromage putréfié, répandant une odeur infecte. Ces lésions s'étendent et gagnent la totalité de la phalange atteinte, s'il n'y est mis obstacle par des soins appropriés.

Il y a alors chute complète de l'ongle. La maladie se borne parfois à un seul, mais elle atteint souvent les deux onglons ; c'est d'habitude par leur face interne qu'elle commence.

M. Sanson fait observer que, pris au début, le piétin est très-facile à guérir : il suffit de détacher avec un instrument tranchant, en évitant d'atteindre les tissus vifs et de faire saigner, les portions de corne décollées, puis de toucher le tissu malade mis à nu avec un caustique dont l'activité doit être en rapport avec l'intensité de la lésion. Au commencement l'onguent égyptiac suffit. L'eau forte, l'huile de vitriol ou l'eau de Rabel peuvent être employées après avoir été au préalable étendues d'eau. Si l'on préfère avoir recours à un caustique solide, on peut choisir la couperose bleue ou le vert-de-gris.

M. Sanson préconise la pâte d'alun calcinée mêlée avec de l'acide sulfurique de manière à lui donner la consistance du miel. Cette pâte étendue à la surface du mal en couche mince produit une dessiccation et provoque la sécrétion de la corne normale.

Toutes les drogues que l'on vante et que l'on vend plus ou moins cher sans en dire la composition, ne valent pas mieux, si elles valent même autant.

Un berger, M. Chatriet, pour faciliter les pansements, a imaginé un appareil de contention qui est assez connu, et dont nous conseillons l'emploi.

On évite l'emploi de tous ces moyens en disposant des auges remplies de lait de chaux à la porte des bergeries. En sortant, les moutons sont forcés de tremper leurs pieds dans ce lait de chaux. Mais c'est là plutôt un traitement préservatif qu'un traitement curatif bien efficace.

Comme nous écrivons pour les bergers, il importe que nous insistions sur les causes qui amènent le piétin, de façon qu'ils mettent tous leurs soins à l'éviter.

L'action échauffante, malsaine, des fumiers paraît bien évidemment favoriser l'éclosion du mal, surtout lorsque les bêtes reçoivent une alimentation particulièrement riche en azote, des tourteaux oléagineux, par exemple. Un mal aussi grave, pouvant s'étendre à des milliers d'individus, appelle la très-sérieuse attention des bergers, surtout dans les contrées où il revient le plus fréquemment. Ils devront demander au propriétaire d'assainir les bergeries, de drainer le terrain sur lequel elles s'élèvent, de pratiquer des fossés en dehors des fondations. Quant à eux, ils devront toujours tenir leurs bêtes avec la plus grande propreté, ne pas laisser s'accumuler outre mesure les fumiers et ne point épargner la litière saine et sèche. Ils auront également soin au premier symptôme de boiterie, à la plus légère difficulté de la marche, d'examiner, d'explorer les pieds et de les traiter immédiatement.

Le fourchet.

Le fourchet est l'inflammation suppurative de la région située à la partie supérieure de l'espace qui sépare les deux onglons. Les anatomistes ont re-connu qu'il existe à la naissance de la division des couronnes l'entrée d'un canal biflexe. C'est un or-gane particulier consistant en une sorte de poche plus grande au fond qu'à l'entrée. C'est sans doute une sorte de synoviale et dont l'inflammation serait le siége direct du fourchet.

Cette inflammation est le plus ordinairement oc-casionnée par l'accumulation de la matière sécrétée rendue concrète, soit par les fortes chaleurs de l'été, soit par l'introduction de sables, de petits graviers par l'ouverture du canal.

Dans le Midi, le fourchet envahit souvent de nombreux troupeaux et revêt la forme enzootique.

Il se manifeste par les symptômes suivants : boi-terie déterminée par le gonflement, puis la rougeur, la chaleur de la peau de la couronne, surtout au pourtour du canal, le suintement par son orifice d'une humeur purulente, fétide, abcès dans l'in-térieur du canal ; et dès lors les complications les plus graves, la dégénération en ulcère, la chute du sabot.

Les animaux les plus gras, c'est-à-dire les plus lourds, sont les premiers et le plus gravement at-teints ; ils dépérissent vite, si l'on ne se hâte de les soulager. Le berger pourra y réussir au début par l'emploi de bains, de cataplasmes émollients et sé-datifs, par des débridements du canal, afin de pré-venir la formation de l'abcès. Dès que le pus est formé sous la peau, ce dont on s'aperçoit au tou-cher en constatant une résistance élastique sous le doigt, il y a lieu de lui donner issue en ponction-nant l'abcès avec un canif. La petite plaie qui en ré-sulte est ensuite nettoyée seulement avec de l'eau tiède, et dans la plupart des cas, ce simple soin suffit pour en obtenir la cicatrisation.

Les bergers savent généralement pratiquer les opérations qui nécessitent le traitement du fourchet. Néanmoins, quand au lieu de se fermer la plaie devient ulcéreuse, il y a nécessité d'appeler le vétérinaire, à moins que la valeur de l'animal ne soit trop minime pour qu'il y ait lieu de faire les frais d'un traitement. Lorsqu'il en est ainsi, le plus sage est de sacrifier l'animal, surtout s'il est en état d'être vendu pour la boucherie.

Le tournis.

Le tournis est une maladie déterminée par le développement à la surface ou dans la profondeur du cerveau d'un ver connu sous le nom de cœnure, et qui a pour effet, en comprimant l'organe cérébral, d'amener un trouble dans la locomotion, de faire tourner plus ou moins complètement l'animal sur lui-même.

Les symptômes de cette maladie varient suivant l'âge des animaux. Chez les jeunes, le berger remarquera de la tristesse, la diminution de l'appétit, le refus de la mamelle, la mastication lente, la rumination irrégulière, la marche paresseuse, l'insensibilité aux excitations, même à celles du chien ; la vue s'affaiblit ou se perd, l'œil devient bleuâtre, la pupille est très-dilatée, l'animal s'isole, sa tête est inclinée d'un côté ou de l'autre dans l'attitude immobile ; mais, pendant la marche, il y a une tendance au tournoiement ; amaigrissement, perte des forces, diarrhée, mort en cinq ou six semaines.

Chez quelques sujets, on remarque des contractions spasmodiques violentes avec pirouettement des yeux et resserrement des mâchoires, ou bâillements prolongés avec renversement de la tête en arrière, mouvements très-rapides et tremblements généraux. Tels sont les symptômes que le berger observera chez les jeunes moutons de 2 à 12 mois.

Chez les adultes de 18 mois à deux ans, le berger constatera au début la diminution de l'appétit, les attitudes instables, la marche chancelante, la tête basse, lourde, la pupille dilatée, l'œil hagard, bleuâtre, la marche rectiligne d'abord, puis en cercle à droite ou à gauche. Quand le ver est très-développé, les symptômes diffèrent suivant le siège qu'il occupe. Le tournoiement a lieu à droite ou à gauche ; quelquefois il marche en ligne droite.

La cause du tournis, nous l'avons dit dans la définition de la maladie, c'est la présence d'un parasite, d'un ver à la surface ou dans la substance même du cerveau. Il y est sous forme de vésicule appelée cœnure cérébral. Mais comment ce ver s'est-il développé ? d'où vient-il ? C'est une des formes du tænia ou ver solitaire ; on pense qu'il résulte de l'absorption des œufs du tænia rendus avec les excréments par les animaux qui les nourrissent, et récoltés par le mouton prenant les aliments sur lesquels ils sont fixés.

La conséquence pratique de ce fait pour le berger, c'est qu'il faut éloigner des troupeaux les chiens atteints du tænia. Malheureusement, on ne s'aperçoit pas toujours à temps qu'ils l'ont, et il ne faut pas non plus oublier que le lièvre et le lapin nourrissent aussi le tænia.

Mais il ne suffit pas d'éloigner scrupuleusement le chien, il vaut mieux chercher à le débarrasser du ver, et ce n'est pas chose facile, car le chien repousse énergiquement tous les remèdes. On pourrait néanmoins essayer de lui faire prendre de la graine de potiron pilée avec du sucre. Le sucre attire le chien et le potiron tue le tænia.

Le berger doit savoir que la présence de vers dans l'organisme, que le parasitisme en un mot, est d'autant moins à redouter que les animaux sont mieux portants. La vitalité active, l'énergie organique résiste à la plupart des tentatives d'invasion des vers quels qu'ils soient, extérieure ou intérieure. Par contre, toutes les causes d'affaiblissement leur deviennent favorables.

C'est pour cela que la première recommandation d'hygiène qu'on doit faire en face d'une affection vermineuse, c'est l'amélioration du régime, nourriture et habitation.

Le traitement curatif qui consiste à trépaner la tête du mouton pour en extraire la vésicule cœnure peut être tenté sur des animaux d'un très-grand prix, mais on n'a pas grande chance de succès. Le plus court et aussi le plus sûr est de sacrifier les bêtes atteintes, pour les livrer à la consommation, sans attendre que les souffrances aient amené l'amaigrissement des chairs et altéré les qualités de la viande.

Œstres.

Un certain nombre d'insectes déposent leurs œufs sur les plantes ou sur les animaux qui doivent servir de nourriture à leurs larves. Ceux qui attaquent les bestiaux, sont de grosses mouches qui n'ont point comme les taons une trompe aiguë pour percer la peau et sucer le sang, mais qui se contentent de déposer leurs œufs sur diverses parties du corps où elles les agglutinent aux poils. Les larves qui en sor-

Céphalémie du mouton.

tent pénètrent dans les cavités naturelles, où elles se développent aux dépens de l'animal sur lequel elles sont nées.

L'œstre du mouton pond sur les narines du mouton, d'où la larve s'introduit par les fosses nasales, jusque dans les sinus frontaux, où elle se développe et incommode beaucoup l'animal.

Le berger s'en apercevra par les efforts que fait le mouton pour s'en débarrasser; il baisse la tête, l'élève, la remue, s'ébroue de temps en temps, et quelquefois tourne comme s'il avait un tænia hydatigène dans le crâne; beaucoup de bergers s'y sont trompés. Ces symptômes se manifestent pendant le temps que les larves montent, puis ils disparaissent; on croit l'animal guéri, mais au mois de mai et de juin, quand les larves veulent sortir des sinus frontaux, où elles ont passé neuf à dix mois, il peut arriver que ces vers meurent dans les cornets et ne puissent en sortir; dans ce cas, ils y laissent des inflammations dangereuses. Le trépan qui réussit mal pour guérir le tournis, a souvent du succès si l'on en fait usage pour extraire les œstres des cornets du nez, parce qu'on ne pénètre pas dans le crâne.

Quelquefois les bêtes les rendent à force d'éternuer. Pour en faciliter la sortie ou du moins pour les faire mourir, on expose les moutons à la vapeur du soufre ou de l'essence de térébenthine.

On voit aussi des mouches pondre dans la vulve des brebis ou dans les blessures faites à la base des cornes des béliers par des ébranlements qu'elles éprouvent lorsqu'ils se battent ou encore dans les plaies des morsures de chiens; l'application d'un peu d'essence de térébenthine détruit les vers qui naissent de la ponte de ces mouches.

De la gale et des poux. — Des aphthes.

La gale est une maladie contagieuse caractérisée par l'éruption sur une partie plus ou moins étendue de la peau de petites ampoules transparentes et prurigineuses qui se développent par suite de la présence d'un insecte arachnide nommé *acarus scabiei* ou ciron de la gale.

On ne distingue pas toujours l'acare à l'œil nu, à raison de sa ténuité ; il n'est guère plus gros que la pointe d'une fine aiguille ; il se tient ou à la surface de la peau ou au fond d'un petit sillon qu'il creuse sous l'épiderme et qu'on pourrait prendre pour une légère égratignure faite par une pointe d'épingle.

Le berger reconnaît qu'une bête à laine a la gale quand des filaments de la toison excèdent les autres et s'en échappent ; si le mal est étendu, les toisons entières même se séparent du corps. L'animal qui alors éprouve des démangeaisons se frotte contre les murs, les arbres, les râteliers ou les claies du parc ; il se frotte avec les pieds et les dents. Si ce symptôme était seul, il pourrait être équivoque, parce qu'il se manifeste aussi lorsque des barbes de graines, des épines, des insectes, tels que poux, tiques et autres, incommodent les moutons ; mais, en outre, dans la gale on s'aperçoit que la laine est tachée de boue dans l'endroit où l'animal peut atteindre. Lorsqu'on écarte la laine aux endroits où le mouton se gratte, on trouve que la peau y est plus épaisse, on y voit des écailles, des croûtes ou de petits boutons, des surfaces suppurantes ou encore des surfaces dépilées.

La gale se montre généralement sur la croupe d'abord, vers la queue et sur le dos, puis s'étend sur les flancs et sur le cou ; on n'en voit pas au bas des cuisses, sur les épaules ni sur le pis.

Pendant longtemps les bêtes à laine atteintes de

gale conservent leur appétit ; ce n'est que quand le mal est très-étendu qu'elles cessent de prendre de la nourriture ; elles tombent dans le marasme.

Le berger remarquera aussi que si la gale couvre le cou, les mouvements de flexion deviendront difficiles à cause de l'espèce de callosité qui contracte la peau ; le mouton alors marche tout d'une pièce.

Peu de bergers, à moins d'une grande ignorance ou d'une insouciance excessive, laissent arriver le mal à ce degré.

Les mérinos sont plus sujets à la gale que les autres races, à cause du tassé de leur toison, ce qui favorise sans doute la propagation de l'acarus.

La gale attaque les moutons en toutes saisons et plus particulièrement en automne ; la chaleur des bergeries la développe ; tous les âges y sont exposés.

On a dit que tous les agneaux qui font de longs voyages, ceux qui réposent sur l'ordure, qui essuient au parc des averses, des pluies, des brouillards, qui couchent sur un sol trop frais et ceux qu'on ne nourrit pas bien, sont assez souvent exposés à en être attaqués. Nous n'affirmons pas que la gale puisse se développer spontanément, mais il est certain que les mauvaises conditions d'hygiène et de salubrité favorisent le développement de l'acarus.

On la voit sévir d'une manière épizootique sur les troupeaux mal soignés qui habitent des localités marécageuses ou peu fertiles (la Sologne).

La cause la plus vraie de la gale, c'est la contagion. La transmission de la maladie se fait sûrement par l'intermédiaire des acares femelles qui déposent leurs œufs. Le point de la piqûre des acares est marqué au début par une petite tache blanche saillante, entourée d'une auréole rouge.

C'est ce qu'on appelle le bouton de gale. Dans ce nid primitif, les acares se répandent dans tous les sens en creusant leur sillon à découvert et laissant sur leur passage des œufs d'où sortent de nouveaux sujets qui deviennent les instruments de la propagation de la maladie.

La marche de la gale n'est pas très-rapide ; quand elle est inoculée, il ne faut pas moins de quatre, cinq et six mois avant que toute la surface de la peau soit envahie. Aux points irrités par la piqûre et la reptation des acares, il se sécrète une sérosité pure d'abord qui devient ensuite lactescente, et se dessèche en formant une croûte peu adhérente sous laquelle la peau, dépouillée d'épiderme, présente une teinte jaunâtre. A une période plus avancée, la peau épaissie se gerce aux plis des jointures , et la laine se détache par flocons dont les brins sont feutrés ensemble. Lorsque la gale est très-ancienne , la toison détachée de ses bulbes ne tient plus à la peau que par le feutrage des brins, et elle peut s'en séparer tout d'une pièce dans une grande étendue.

A toutes périodes la gale s'accompagne d'un prurit très vif qui sollicite les animaux à se frotter. Abandonnée à elle-même, elle se complique d'induration de la peau, d'engorgement des lymphatiques et d'un dépérissement qui peut devenir mortel.

La gale n'est pas grave sur un individu isolé, surtout lorsqu'elle est traitée à temps ; mais lorsqu'elle sévit sur un grand nombre de bêtes à la fois, elle devient très-dommageable aux propriétaires par les altérations de la laine, qui peut perdre sa valeur commerciale.

Tessier a dit avec infiniment de raison qu'il n'y a point de préservatif de la gale sans un bon berger.

En effet, un bon berger non-seulement soigne bien son troupeau, l'entretient proprement, mais il évite toute communication avec d'autres troupeaux qu'il soupçonne atteints de la maladie.

Et dès que la gale est déclarée, il a soin de séparer les animaux atteints de ceux qui ne le sont pas ; puis on les soumet à un traitement méthodique.

Au début, le berger doit gratter le bouton de gale avec l'ongle et un grattoir et frotter la partie avec de la salive tenant en dissolution du jus de tabac mâché. C'est la pratique usuelle et très-efficace des bergers.

L'huile de cade, l'huile empyreumatique, la décoction concentrée d'ellébore noir ou blanc à 30 grammes par litre, l'essence de térébenthine sont aussi employées avec avantage mais ces moyens ne peuvent être applicables qu'aux boutons de gale peu nombreux.

Quand la gale a envahi un troupeau, qu'elle est enzootique, on fait usage avec beaucoup de succès du bain ferro-arsenical, dit bain de Tessier.

En voici la formule : Prenez acide arsénieux 2 kilogr. protosulfate de fer 20 kilogr. ; peroxyde de fer anhydre 80 grammes, poudre de racine de gentiane 400 grammes, et faites une poudre intimement mélangée. Prenez de cette poudre 11 kilogr. 500 grammes, eau ordinaire 100 litres ; faites bouillir dans une chaudière en fonte pendant huit à dix minutes, et versez dans un cuvier pour le bain.

Les bêtes à laine doivent être tondues et préparées par un bain savonneux si la gale est ancienne. La durée du bain arsenical doit être de quatre à cinq minutes, pendant lesquelles il faut bien frotter et brosser les bêtes sur toutes les parties du corps. Ce traitement est très-efficace et, employé avec précaution, il n'entraîne aucun danger pour les animaux ou pour les hommes qui les pansent.

Delafond a constaté la guérison de plus de 20,000 moutons par le bain Tessier sans récidives ni accidents.

On a voulu, dans le bain Tessier, remplacer le sulfate de fer par le sulfate de zinc, en disant que le sulfate de fer jaunit la laine. Cette objection n'est pas sérieuse, puisque les moutons doivent être tondus pour être soumis au bain. La substitution proposée n'a d'autre avantage que d'être plus chère.

Procédé opératoire. Voici maintenant comment il faut faire prendre ce bain. On commence à dix heures du matin. Le cuvier qui contient ce bain est appuyé contre un mur et disposé en plan incliné. Le bain est à 40° environ et la température intérieure à 25°. Une bergerie sans litière est disposée pour recevoir les bêtes qui ont subi l'opération.

Les aides sont au nombre de cinq ; un premier prend le mouton et l'apporte vers le cuvier ; deux autres le saisissent et le plongent dans le bain, le dos en bas, et ont soin en le tournant et le retournant que le liquide touche toutes les parties ; un deuxième aide, muni d'une brosse de chiendent, frotte les parties galeuses. Ces trois derniers aides sont stationnaires auprès du cuvier. Le mouton est maintenu dans le bain par un aide qui saisit d'une main la tête et de l'autre les deux membres antérieurs , tandis qu'un second assujettit les deux membres postérieurs et la queue. Le mouton est ensuite enlevé ; on le laisse égoutter un instant, et un cinquième aide le conduit dans le bain approprié en le tenant par un membre postérieur et le pressant avec le genou. Bien entendu, l'aide qui tient la tête a soin de la préserver du contact du liquide.

On a fait usage de ce remède même sur des brebis qui avaient agnelé la veille, et sur des agneaux nouvellement nés ; il n'y a pas eu le moindre accident.

En raison de l'arsenic qui fait la base de ce remède, son application exige de très-grandes précautions. Il faut que le propriétaire y préside, veille à tout, et fasse en sorte qu'il n'y ait pas la moindre négligence qui pourrait être funeste. Les aides doivent avoir les mains entièrement couvertes de gants. Après l'opération, il faut brûler le cuvier, les gants et les ustensiles de bois qu'on aura employés et laisser les animaux pendant 24 heures sur un sol où il n'y ait pas un brin de paille.

Avant de remettre dans une bergerie un troupeau qu'on aura traité de la gale, il faudra purifier la bergerie, de peur qu'en se frottant contre les murs elles ne reprennent des acares.

Les poux.

Les brebis sont souvent tourmentées par deux sorte de poux, l'un l'*hippobosca ovina*, l'autre le *pediculus ovis*.

Le premier, bien connu des bergers et des propriétaires de troupeaux, est gros à peu près comme une punaise ; à l'œil nu il est brun ; si on le regarde à la loupe, les six pattes et la partie antérieure du corps sont brunes, le corps est grisâtre avec des pattes noires. La tête est terminée par une sorte de trompe recourbée en bas et tout le corps est couvert de poils rudes peu épais. C'est le pou que les bergers appellent souvent tique, qu'il ne faut pas confondre avec la tique des chiens que tous les chasseurs connaissent. Quand le berger voit suspendu à des brins de laine un corps ovale luisant, ressemblant assez pour la couleur et la forme à un petit pépin de pomme, il le prend pour l'œuf du pou, tandis que c'est la chrysalide.

Quelquefois ces poux se multiplient de manière à faire beaucoup souffrir les bêtes. Après la tonte, les poux disparaissent entièrement et c'est pour les éleveurs un motif suffisant pour tondre les agneaux souvent âgés seulement de trois à quatre mois. Beaucoup de ces poux sont coupés par les ciseaux des tondeurs, beaucoup restent dans la toison ; les agneaux, se grattant avec leurs pieds de derrière, les font tomber. Les brebis avec leurs dents en débarrassent les agneaux, de sorte qu'au bout de deux jours on n'en voit plus. Même à la pâture, les bergeronnettes viennent se percher sur le dos des bêtes et prennent les poux et les mouches ; c'est sans doute aussi pour la même raison que les sansonnets s'y reposent si souvent.

L'autre pou qui tourmente les brebis est très-petit et il faut regarder de bien près quand on entr'ouvre la toison d'une bête pour l'apercevoir; il est rouge et ressemble assez à un grain de sable ; ce sont surtout les antenais qui ont à souffrir de ce pou pendant l'hiver et particulièrement par les temps pluvieux.

Traitement. — Les remèdes proposés sont nombreux. L'onguent mercuriel est d'un effet certain, mais son emploi peut être dangereux aussi bien que celui de l'arsenic.

Tessier indique un moyen qui lui paraît bon. Il consiste à prendre un soufflet de cuisine, à adapter à son extrémité un tuyau de fer blanc où l'on introduit du mauvais tabac auquel on met le feu ; un homme tient le mouton entre ses genoux, un autre ouvre les diverses parties de la toison, un troisième, en faisant agir le soufflet, porte la fumée du tabac successivement sur tout le corps, sous le ventre, sur les jambes et entre les cuisses. En huit heures, assure-t-on, 150 moutons sont guéris par ce procédé : les poux meurent en 24 heures. Il faut après l'opération tenir les bêtes en plein air quelque temps, afin que la fumée du tabac ne les incommode pas.

Villeroy indique deux autres procédés : l'un usité en Allemagne, l'autre en Angleterre.

Le premier consiste dans l'emploi non plus de la fumée, mais du jus de tabac.

On prend un demi-kilo de tabac en feuilles, on le fait bouillir lentement pendant plusieurs heures dans un litre d'eau. Ensuite, on le prend entre les mains pour en exprimer tout le liquide. On remet le tabac dans le même vase. On verse dessus un demi-litre d'eau chaude, on le fait de nouveau bouillir, puis on le presse encore une fois. De ces deux opérations on obtient un litre de jus. On met ce jus dans une bouteille qu'on ferme avec un bouchon de liége traversé par un tuyau de plume qui ne laisse sortir le liquide que par un très-petit filet. Dès que le berger s'aperçoit qu'une bête se frotte et cherche à se gratter, il la prend et, la tenant par la tête entre ses jambes, il entr'ouvre la laine et répand du jus dans les endroits où il le juge nécessaire.

En Angleterre, on lave les troupeaux qui ont des poux avec du jus de tabac obtenu comme on vient de l'indiquer : 1 kilog. suffit pour vingt bêtes.

On prend aussi un demi-kilog. de savon vert ; on le fait dissoudre dans une suffisante quantité d'eau ; on verse le tout, jus de tabac et eau de savon dans un baquet ; on y ajoute 60 grammes de fleur de soufre et on mêle parfaitement. Enfin on ajoute encore par litre un demi-verre d'essence de goudron.

Ce mélange a la propriété de conserver la couleur blanche de la laine, qui serait altérée par l'emploi du jus de tabac seul ; il est en outre favorable à la peau.

Voici la manière de l'employer. On a un chevalet, sorte de cadre triangulaire, supporté par quatre pieds et muni de traverses latérales ou barreaux. Le berger est assis à l'extrémité de ce chevalet, disposée en forme de siége : la longueur du chevalet, non compris le siége, est de 1 mètre ; sa largeur, à l'extrémité la plus large, est de 90 cent. Les pieds ont 22 cent. de hauteur. La brebis à laver est placée sur le chevalet sur le ventre de manière que les jambes soient pendantes entre les barreaux et que sa tête soit tournée du côté du berger.

Celui-ci, avec les pouces des deux mains, ouvre la laine en commençant à la tête et suivant l'épine dorsale jusqu'à la queue. Alors un aide verse le liquide dans la rigole ainsi ouverte, suivant avec le bec de la burette les mains du berger qui remontent de la queue jusqu'à la tête, en tenant toujours ouverte cette rigole qu'on a faite dans la toison.

La première rigole étant suffisamment imbibée du liquide, le berger couche la bête alternativement sur les deux côtés, puis sur le dos, et il ouvre d'autres rigoles qui sont arrosées de la même manière, de telle sorte que toute la toison soit imbibée de liquide. On doit particulièrement soigner le dessous du cou et les épaules, comme les parties où s'amasse la plus grande quantité de poux. Le berger avec un aide peut traiter ainsi 40 bêtes dans une journée.

Égagropiles des moutons et des agneaux.

Les égagropiles sont des concrétions formées pa. des poils agglutinés et feutrés que l'on rencontre dans le rumen ou la caillette des bêtes à laine. M. Benion a publié dans le *Journal d'agriculture pratique*, année 1873, une bonne étude sur ce sujet. Il distingue deux sortes d'égagropiles, les simples et les encroûtés.

Les égagropiles simples sont composés de laine, d'aliments, de sucs gastriques, de terre, de quelques parcelles végétales et de phosphates ammoniaco-magnésien et calcaire. Leur revêtement est rugueux et se distingue de la sorte des *égagropiles encroûtés*, dont la structure est la même, mais dont l'enveloppe est mince, dure, brune, polie et formée de mucus, d'oxyde de fer et de carbonate de chaux.

Les premiers se rencontrent chez les agneaux, les seconds chez les moutons; ce qui a fait admettre que, simples d'abord, ces concrétions finissent par s'encroûter lorsqu'elles ne sont pas expulsées peu après leur formation et qu'elles demeurent longtemps en contact avec les matières stomacales. Leur formation se fait de la façon suivante :

Les poils rassemblés par la langue de l'animal

sont introduits dans la bouche et arrivent de là dans le rumen; le mucus de cette cavité est agglutineur, et par le passage des matières alimentaires ils s'enchevêtrent tout en empruntant une partie de ces substances, et, par la juxtaposition de nouveaux poils, ils s'agrandissent. Au début de leur formation ils ne renferment que peu de matières inorganiques; peu à peu les sels s'y déposent et en déterminent l'accroissement ultérieur.

Symptômes. — Chez les moutons les concrétions pileuses ne déterminent pas toujours des troubles appréciables, car on en trouve dans la panse d'individus en bon état au moment où ils ont été sacrifiés. Quelquefois cependant les sujets sont faibles, maigres, sans appétit régulier ; ils toussent et perdent leur laine, qui est devenue sèche et cassante. On constate du météorisme, des régurgitations et parfois des expulsions par la bouche de matières alimentaires et d'un égagropile. Ces rejets du corps obstruant sont les seuls vrais symptômes de la maladie. En leur absence, le retour périodique du météorisme, des coliques, des régurgitations et des vomissements, le dépérissement progressif peuvent néanmoins faire présumer l'existence de pelotes chez des animaux qui ont l'habitude de se lécher et surtout de lécher les autres. Ces présomptions se changent en certitude pour le berger lorsque dans un troupeau il aura déjà trouvé de ces corps étrangers dans les voies digestives de quelques animaux morts ou sacrifiés.

Chez les agneaux, on remarque toujours les phénomènes suivants : tristesse, démarche lente, difficulté de suivre le troupeau, envie marquée de demeurer à l'étable, refus de téter et de manger, gonflement et plénitude du rumen, mort dans les convulsions avec renversement de la tête en arrière. Ces derniers signes sont importants; ils éclairent le berger sur la nature de la maladie.

Causes de la maladie. La stabulation prolongée est considérée comme une des causes de la maladie, surtout dans les pays pluvieux, où la stabulation est indispensable. Cette condition d'existence anormale causerait de l'ennui aux moutons. Alors on en voit un, d'abord, qui approche la bouche de la toison de son camarade, saisit un brin de laine, le suce, le tire et l'avale. Cette récréation innocente en apparence lui plaît beaucoup et il recommence à lécher un de ses voisins de droite ou de gauche; le goût salé de la laine l'attire, et c'est ainsi que les moutons accumulent des pelotes laineuses dans leur estomac.

Certains auteurs considèrent que cette maladie est une conséquence d'une altération dans les fonctions de l'estomac analogue à la perversion du goût chez les personnes qui mangent de la craie, du charbon, etc.

D'autres invoquent une circonstance toute physique. Beaucoup de nourrices ont les mamelles couvertes de poils; et quand les agneaux les tettent, ils tirent et avalent une certaine quantité de brins de laine.

Le traitement des égagropiles est essentiellement préventif : c'est donc au berger qu'il appartient surtout d'observer les causes de la maladie pour savoir en prévenir les effets. Il veillera avec soin à ce que les moutons ne se lèchent point et n'avalent point de poils; il demandera la réforme des brebis à pis poilus, tiendra sa bergerie très-propre. Et s'il a des sujets de prix, il enduira l'extrémité des brins de laine avec des décoctions concentrées de plantes amères et désagréables au goût et aussi avec du goudron et de l'huile de cade.

Quant au traitement curatif, le berger ne pourra tenter que l'emploi de purgatifs chez les moutons pour expulser l'égagropile. Quant à l'extraction chez les agneaux, ce n'est pas au berger, mais au vétérinaire qu'il appartient de faire cette opération.

Météorisme. — Météorisation. — Empansement ou gonflement subit de la panse. — Ballonnement.

La météorisation est un état de distension considérable du ventre résultant de l'accumulation de divers gaz dans les voies digestives, symptôme d'une situation plus ou moins grave dont on fait une maladie et contre lequel la nécessité oblige de diriger en toute hâte des moyens efficaces de répression.

Les causes sont nombreuses, mais toutes paraissent être l'effet d'une indigestion dans des conditions déterminées. Ainsi, lorsqu'un troupeau, après avoir vécu un certain temps de fourrage sec, est tenu plus qu'il ne faudrait dans un pâturage dont l'herbe est tendre et appétissante, il mange trop et se ballonne, c'est-à-dire que son ventre prend la forme d'un ballon en raison de la tension. Il résonne comme un tambour qu'on frappe, d'où le nom de tympanite qu'on a encore donné à cette maladie.

Un excès de grain amènerait les mêmes résultats.

Il y a des circonstances ou ces animaux éprouvent un pareil accident sans s'être gorgés de nourriture. Il suffit que le berger les ait menés paître dans un trèfle ou une luzerne, ou même dans un champ d'avoine ou de blé mouillé par la pluie ou la rosée. Dans ces cas, l'humidité dont les aliments sont imprégnés les dispose subitement à la fermentation ; il s'en dégage des gaz qui distendent outre mesure les parois de la panse, suspendent la respiration et la circulation du sang, et tuent rapidement les animaux.

Ce qui paraîtra peut-être étonnant, dit Tessier, c'est qu'on a vu des brebis météorisées pour avoir été conduites et avoir séjourné une heure en hiver par la gelée dans un champ de luzerne.

L'humidité et la chaleur sont les causes premières de la fermentation rapide des plantes. Sous leur influence cette fermentation a lieu, donne naissance à de l'oxyde de carbone, à de l'hydrogène carboné, à de l'hydrogène sulfuré et à de l'acide carbonique.

Les symptômes du météorisme sont très-faciles à constater. Augmentation sensible du volume du ventre du côté gauche ; une lenteur dans la marche, l'abattement ou la perte des forces, le trébuchement ; l'animal a de la peine à respirer ; il ouvre la bouche comme s'il voulait rendre les aliments ou les gaz qui l'oppriment. Lorsqu'il est très-fortement affecté, il résiste très-peu d'instants et tombe mort. Si l'on ouvre le corps, on trouve la panse toute remplie de matières alimentaires, et il en sort souvent une très-grande quantité de gaz.

On comprend une fois de plus combien il importe qu'un berger soit un homme attentif et instruit de tout ce qui peut causer des maladies au troupeau ;

ce qu'il y a encore de mieux à faire ici, c'est de prévenir le mal plutôt que de le guérir.

Un bon berger doit savoir que c'est ordinairement sur les trèfles que les bêtes gonflent, il ne doit jamais les laisser aller à jeûn sur ces pâturages. Lorsqu'elles ont le ventre gros et qu'elles mangent avec avidité, c'est alors que la météorisation est le plus à craindre.

Le berger doit encore savoir que ce n'est pas quand le trèfle est mouillé par la rosée ou par la pluie qu'il est le plus dangereux ; c'est, au contraire, quand il est sec, échauffé par le soleil, et quand il fait du vent.

Le moment le plus convenable pour faire pâturer un trèfle, c'est le soir ; les bêtes alors achèvent de s'y remplir. Mais le berger ne doit pas les y laisser trop longtemps ; au bout d'une demi-heure, il doit les en faire sortir pour les y ramener ensuite si elles ne sont pas entièrement rassasiées.

Le berger doit observer attentivement son troupeau et se hâter de l'éloigner du trèfle s'il remarque un commencement de gonflement.

Lorsque le gonflement est déjà accusé, le berger ne doit pas donner à manger au mouton : il lui tiendra la bouche ouverte par le moyen d'un bâillon et il lui frottera le ventre pour en faire sortir les gaz.

S'il ne réussit pas par ce simple procédé, il aura recours aux substances alcalines : la lessive de cendres de bois, l'eau de savon, le sel de potasse, l'eau de chaux ou l'alcali volatil. Le berger fait avaler à l'animal 2 décilitres de lessive, un verre d'eau de savon, 20 à 25 gouttes d'alcali dans un verre d'eau où 2 cuillerées dans 1 litre d'eau à prendre jusqu'à effet produit. On redouble la dose une fois ou deux selon le besoin. Un moyen qui a encore réussi, c'est de prendre une grosse seringue, de l'introduire dans l'anus et d'aspirer les gaz contenus dans l'intestin ; on renouvelle l'opération trois ou quatre fois selon le besoin.

Enfin lorsque le cas est tout à fait grave, il faut faire la ponction ; mais le berger souvent n'a pas le trocart, instrument nécessaire pour pratiquer cette opération. Il pourrait à la rigueur la faire avec son couteau. Pour cela, il enfoncera la lame au milieu du flanc à égale distance de la hanche, de la dernière côte et des reins ; mais faire une opération rien qu'avec le couteau, cela est difficile, parce que la panse éprouve des mouvements par suite desquels les deux ouvertures faites à la peau extérieure et à la panse ne correspondent plus, et c'est comme si la ponction n'avait pas eu lieu. On dit que le berger peut remplacer la canule du trocart par un autre tuyau, par un morceau de bois de sureau, mais cela n'est pas commode, et il peut en résulter la mort de l'animal. Le meilleur parti à prendre pour le berger quand le mouton météorisé tombe, c'est de lui couper le cou immédiatement ; au moins la viande ne sera pas perdue : mais les bêtes tuées dans cette circonstance doivent être immédiatement vidées.

Si l'on a réussi à dégager la panse de l'animal, il ne faut ensuite lui donner à manger qu'avec prudence et peu à peu. Dans les premiers temps, le berger lui donnera de la paille, du regain, du son gras, en un mot des aliments qui ne soient pas susceptibles de fermenter.

Enflure de la tête.

Villeroy a décrit plusieurs sortes d'enflures de la tête. Il en est une qui est, paraît-il, spontanément déterminée par le sarrasin. Je ne croyais pas, dit-il, à ce mal, mais ayant une fois abandonné au troupeau un champ de sarrasin qui n'était ni assez haut ni assez épais pour être fauché, dès le second jour plusieurs brebis avaient la tête complétement enflée. Je n'ai jamais entendu parler de cette maladie en Beauce; il est vrai qu'on y cultive très-peu le sarrasin. M. Magne, qui est une autorité en pareille question, dit que si l'on nourrit les moutons, comme aussi les porcs et les vaches, avec du sarrasin, la peau de la tête se gonfle, les oreilles, les paupières, les joues deviennent œdémateuses, les yeux sont presque fermés et les oreilles pendantes; ce sont principalement les parties veineuses qui sont affectées. On a fait beaucoup de suppositions pour expliquer ce phénomène. Est-il dû, comme cela a été dit, à un insecte qui en butinant sur les fleurs du sarrasin piquerait les animaux? Ce qui a pu le faire supposer, c'est que l'accident se montre plus rapidement quand la plante est exposée au soleil et surtout quand les animaux la broutent sur pied. Mais M. Magne ajoute qu'il l'a vu se produire à l'ombre, et même, dans une expérience faite à Alfort, il a vu le gonflement se développer sur des moutons qui n'avaient été nourris au râtelier que deux jours après la cessation de cette nourriture lorsqu'ils ont été exposés au soleil, au grand air.

Il rapporte en outre qu'il avait fait nourrir

14 moutons à la bergerie avec du sarrasin et aucun effet ne s'était montré, quoique pendant treize jours les animaux n'eussent pas reçu d'autre nourriture.

Ils furent reconduits dans les pâturages avec le restant du troupeau et le lendemain tous éprouvaient des démangeaisons à la tête, sensibles surtout lorsqu'ils étaient au soleil. Sur un, il s'est montré aux oreilles un gonflement œdémateux considérable qui deux fois s'étendait jusqu'aux paupières et même jusqu'au cou.

Le sarrasin, d'après ce savant professeur, exercerait sur les animaux une action spéciale qui n'a pu être expliquée, mais qui est analogue à celle que quelques plantes exercent sur certains individus de l'espèce humaine.

Ces accidents, presque toujours sans gravité, disparaissent aussitôt qu'on fait cesser l'usage de la nourriture qui en a été cause

Il est bon néanmoins que les bergers soient prévenus de ces accidents pour qu'ils puissent s'en prémunir et au besoin savoir y remédier.

De l'araignée. — Maladies du pis.

Certaines brebis, lorsqu'elles allaitent et après le sevrage, ont le pis engorgé. Souvent il n'en résulte aucune suite fâcheuse, l'engorgement se dissipe de lui-même, mais il arrive quelquefois qu'il s'y forme du pus. Il n'est pas rare, au dire de Tessier, que la tumeur dégénère en gangrène et dans ce cas elle devient mortelle.

Les bergers appellent araignée cette maladie,

s'imaginant qu'elle est l'effet d'une piqûre d'araignée.

Tessier l'attribue à deux causes : 1° à la malpro-
preté des bergeries et à la dureté du sol sur lequel
le parc est quelquefois assis ; 2° aux coups de tête
que quelques agneaux en tétant donnent à leur mère
plus sensible que d'autres. Les ordures et les mottes
sur lesquelles elles se couchent, causent au pis des
irritations qui occasionnent une inflammation, ce
que le berger peut prévenir en renouvelant souvent
la litière des bergeries ou en aplanissant le terrain
des champs.

Quand c'est la seconde cause, le berger l'empêchera en faisant téter ces mères par des agneaux
plus vigoureux. Il devra regarder de temps en
temps au pis des brebis, surtout de celles qui paraissent l'avoir gorgé, pour soigner le mal de bonne
heure avant qu'il ait fait des progrès.

S'il y a du pus de formé, le berger ouvrira les
endroits où il sentira de la fluctuation ; il laissera
les bêtes pendant quelques jours sur de la paille
fraîche et il les pansera avec un mélange de jaune
d'œuf et de térébenthine à parties égales. Dès que
le berger s'apercevra de la gangrène, il n'hésitera
pas à sacrifier la partie et à y appliquer ensuite
un emplâtre d'onguent styrax. A ce moment, il
sera bon de faire venir le vétérinaire.

Dartres.

Les bêtes à laine ont quelquefois des dartres. Le
berger reconnaîtra cette maladie de la peau à certaines plaques circulaires sur lesquelles on voit d

petits boutons, et des parties ulcérées sécrétant une humeur fétide ou encore des croûtes plus ou moins jaunâtres. La laine est sèche, puis elle se détache et tombe avec l'épiderme, mais bientôt les surfaces dénudées se recouvrent de nouvelles croûtes d'épiderme plus ou moins épaisses et consistantes et le mal s'étend de plus en plus.

Cette maladie demandant un traitement local et un traitement général, nous croyons que le berger, lorsqu'il l'aura reconnue, devra faire appeler le vétérinaire pour qu'il examine les bêtes malades et donne un traitement rationnel.

Le noir museau.

Cette maladie paraît rentrer dans le cadre des affections dartreuses. Elle est caractérisée par des croûtes brunes plus ou moins larges qu'on remarque d'abord sur le museau et qui s'étendent quelquefois aux côtés de la tête jusqu'aux oreilles.

D'autres auteurs ont pensé que cette affection serait une sorte de gale. Le fait est qu'on ne connaît pas exactement cette maladie. Il paraît qu'une pommade composée d'une partie de fleur de soufre et de deux parties de graisse et appliquée sur les croûtes les fait tomber et guérir le mal. Si le succès de cette pommade est réel, il porterait à croire qu'on a affaire à une maladie dartreuse.

Muguet.

Le muguet des agneaux est une maladie de la bouche qui a quelque analogie avec le muguet des enfants. Les agneaux qui en sont attaqués ont tout l'intérieur de la bouche et les lèvres couverts de petits boutons qui les tourmentent beaucoup et leur ôtent la facilité de téter. Si la maladie dure quelque temps, ils meurent faute de nourriture.

Certains auteurs croient que le mal provient de la mauvaise qualité du lait des mères, et que le premier moyen de traitement est de purger celles-ci avec du sel de Glauber dissous dans de l'eau. Mais cette opinion n'est pas suffisamment démontrée.

Tessier a préconisé un mélange de poivre, de sel et de vinaigre, dans lequel on trempe un pinceau de linge et on barbouille fortement à plusieurs reprises les lèvres de l'agneau.

Wagenfeld conseille de donner aux agneaux, quatre fois par jour, un mélangé de rhubarbe et de magnésie dans du lait, et chaque fois autant qu'on peut en prendre sur la pointe d'un couteau. Le traitement peut être bon, mais il est difficile à appliquer, surtout quand on a beaucoup de moutons à traiter.

Pharmacie du berger.

Le berger, surtout dans les fermes isolées, étant appelé à panser lui-même son troupeau, il est bon qu'il ait une petite pharmacie, quelques ustensiles propres a la préparation des drogues, et les instruments chirurgicaux nécessaires pour pratiquer les opérations élémentaires : saignée, enlèvement de corne, ponction du rumen.

Nous empruntons à l'ouvrage de M. Bénion le tableau suivant, qui donne le nom, les dosages et les prix des médicaments usuels. Comme le fait observer M. Bénion, le berger doit autant que possible utiliser les plantes que la nature a mises à sa portée; il arrive cependant, surtout dans les maladies graves et à marche rapide, qu'il est obligé de recourir à d'autres substances pharmaceutiques.

Usage interne pour les moutons.   Prix courant.

Pour 1 litre d'eau.

Acide sulfurique, 5 grammes...................	kil.	0,70
Alcool camphré, 20 grammes..................	lit.	5,00
Aloès succotrin, 8 grammes..................	kil.	3,00
Ammoniaque liquide, 6 grammes.............	lit.	1,00
Bicarbonate de soude en poudre, 4 grammes.	kil.	1,00
Camphre raffiné, 4 grammes.................	»	5,00
Crème de tartre soluble, 10 grammes...	»	6,00
Eau de Rabel, 4 grammes....................	lit.	3,50
Emétique, 1 gramme.........................	kil.	7,00
Essence de térébenthine, 2 grammes........	lit.	1,30
Ether sulfurique, 2 grammes.................	kil.	7,00
Extrait de Saturne, sans usage interne.......	lit.	2,00
Farine de graine de lin......................	kil.	0,70
Farine de graine de moutarde...............	»	1,20
Gomme arabique blanche, 10 grammes......	»	3,50
Goudron liquide, 4 grammes.................	»	0,90
Laudanum de Sydenham, 6 à 15 gouttes......	lit.	35,00
Onguent égyptiac...........................	kil.	3,50
Onguent vésicatoire........................	»	10,00
Pommade de peuplier, sans usage interne...	kil.	2,80
Pommade d'Helmerick.......................	»	4,00

Poudre de gentiane, 10 grammes.............. kil. 1,50
Poudre de quinquina gris, 8 grammes....... » 10,00
Poudre de réglisse, 15 grammes............. » 1,50
Sel de nitre en poudre, 2 grammes.......... » 2,00
Sulfate de cuivre, couperose bleue, sans usage
    interne................................ » 1,50
Sulfate de fer, couperose verte, 2 grammes.. » 0,40
Sulfate de soude, sel de Glauber, 32 grammes. » 0,40
Teinture d'aloès, sans usage interne......... lit. 6,00
Teinture de digitale........................ » 8,00

Calendrier du berger.

JANVIER.

Dans les bergeries où les brebis agnellent en mars et en avril, le berger les sépare actuellement du reste du troupeau et il leur donne une nourriture meilleure : de bons foins, des carottes, des betteraves, des pommes de terre en petite quantité, et si elles sont faibles, chétives, un peu d'avoine, et pour boisson des tourteaux de colza délayés dans de l'eau tiède. Toutefois cette nourriture ne doit pas être donnée en quantité telle que les bêtes s'engraissent, car l'agnelage en deviendrait plus laborieux.

Il faut encore plus de précautions pour les bêtes qui ont agnelé et sont déjà en bon état. Une nourriture trop substantielle, en leur donnant un lait trop gras, aurait sur les agneaux nouveau-nés, surtout chez ceux qui sont faibles, des effets fâcheux. Le berger retranchera donc, dans les derniers 15 jours avant le part et dans les premiers 15 jours après, tout ce qui agit trop fortement sur la sécrétion du lait, comme le grain, le regain, les pommes de terre. Il pourra continuer de mettre des tourteaux dans la boisson, mais seulement en petite quantité.

Ce n'est qu'au bout de 15 jours qu'on pourra augmenter la ration, à mesure que les agneaux deviendront plus exigeants.

Afin de pouvoir opérer facilement cette progression dans la nourriture, le berger fera des divisions parmi les brebis, et il mettra ensemble celles qui ont agnelé durant un même espace de temps.

Quant au reste du troupeau, composé des moutons, des béliers, des brebis non portières, il peut être nourri de pailles et de balles avec suffisance de racines.

Lorsqu'on a de la paille de sarrasin, on profite des froids pour la faire consommer. Non-seulement les bêtes la mangent avec plaisir dans cette circonstance, mais elle ne leur occasionne pas d'accidents comme dans les temps pluvieux et doux. Les animaux qui séjournent dans les bergeries doivent pouvoir s'abreuver dans des baquets contenant de l'eau et de la vieille ferraille. Quand le temps est beau, le berger fait sortir le troupeau pendant le milieu du jour pour lui faire prendre l'air. Il doit diminuer les aliments aqueux lorsqu'il constate plusieurs cas de pourriture.

C'est en janvier que se termine ordinairement l'agnelage précoce. Un berger soigneux doit être constamment à la bergerie, pour avoir l'œil sur les brebis qui mettent bas. Après le part, le berger permet à la mère de lécher son agneau, puis il lave le pis de la brebis, examine s'il est sain, il enlève la laine qui se trouve à l'extrémité des trayons ; cela fait, il met la mère et le petit dans la case préparée pour les recevoir.

Ils n'y restent ordinairement que 24 à 48 heures. Le berger aura soin de ne faire boire aux brebis que des boissons tièdes, et seulement après qu'elles sont délivrées.

Avant de sortir la mère et le petit de la case pour les joindre aux autres brebis qui ont déjà agnelé, le berger les marque tous deux d'un même signe, afin de pouvoir les réunir de nouveau, si cela était nécessaire.

Quant aux soins ultérieurs à donner aux agneaux, le berger aura soin de tenir la bergerie où ils sont renfermés suffisamment garantie du froid.

Dans le Midi, les troupeaux transhumants disséminés actuellement sur le littoral demandent plus de soins que de coutume, à cause des agneaux. Le berger doit surtout tâcher de les garantir du terrible mistral, qui est d'autant plus dangereux maintenant, qu'il est toujours précédé de pluie.

FÉVRIER.

C'est dans le courant de ce mois que les moutons commencent à aller au pâturage.

Les pâturages artificiels semés en terre légère, et composés de plantes précoces telles que pimprenelle, lupuline, mille-feuilles et autres, peuvent être ordinairement pâturés avant les pacages naturels.

Le berger aura soin de ne jamais faire sortir son troupeau tant que le givre, le verglas, la rosée, les brouillards, ou une humidité quelconque couvrent le gazon ; il aura toujours soin de leur donner à manger, et de les faire boire avant de les conduire au pâturage.

Si le temps ne permet pas qu'ils sortent, il leur donnera la ration ordinaire à la bergerie.

Dans presque tout le nord et le centre de la France, le pâturage ne doit être encore à cette époque, qu'un faible supplément de la nourriture, et le berger continuera à donner au troupeau une ration presque égale à celle qu'il avait auparavant, jusqu'à ce qu'il la refuse ; c'est alors qu'on peut être sûr qu'il trouve suffisamment à manger au pâturage.

Le berger aura également soin de le faire boire à la bergerie et de ne lui donner que de l'eau dégourdie.

L'emploi du sel doit être continué et même augmenté, surtout lorsque le troupeau pâture beaucoup.

Quant aux brebis qui allaitent et à celles qui sont prêtes à mettre bas, on continue à leur donner une nourriture à part et meilleure que celle que reçoit le reste du troupeau; les tourteaux d'huile délayés dans de l'eau tiède, les carottes, les betteraves, les navets leur sont particulièrement salutaires.

Le berger sèvrera progressivement les agneaux venus en décembre ou en janvier, il les séparera des mères et ne les laissera plus téter que deux fois par jour; mais il aura soin alors de leur donner une boisson nourrissante, des tourteaux d'huile, ou mieux encore de la farine délayée dans de l'eau tiède.

Le berger coupe la queue aux agneaux derniers-nés; quelque temps après, il fait subir la castration aux mâles qu'on ne destine pas à la reproduction. La première opération se fait 15 jours, la seconde 20 ou 30 jours après leur naissance; on retarde néanmoins cette dernière pour un certain nombre d'agneaux, parmi lesquels on choisit plus tard les reproducteurs, lorsque les caractères qu'on recherche dans ceux-ci, sont devenus bien apparents.

Le berger doit aussi aérer le plus possible les bergeries, et y faciliter l'accès du soleil.

MARS.

Le berger aura soin de ne point conduire son troupeau dans les prés, et à plus forte raison dans les luzernes, les sainfoins et les trèfles. Le pâturage de ces plantes fourragères pendant l'hiver est une mauvaise pratique qui, pour quelques bottes de foin qu'elle permet d'économiser, diminue le produit de plusieurs centaines de bottes en même temps qu'elle abrége la durée des sainfoins. Le berger pourra y conduire son troupeau à l'arrière-saison, quand il y aura des regains qui ne mériteront pas la peine d'être fauchés.

Dans les pays humides, le berger redoutera la pourriture, il ne fera jamais sortir ses moutons avant 10 ou 11 heures du matin, et sans lui avoir donné un repas de foin ou au moins de bonne paille assaisonnée de sel, et une bonne ration de tourteaux.

C'est pendant le mois de mars qu'a lieu l'agnelage tardif. Ce système est peu répandu dans le Nord, où l'on vise, au contraire, à faire venir les agneaux dès le mois de novembre, ce qui est moins naturel et moins avantageux, car les agneaux nés en mars ne souffrent pas du manque d'air et de lumière comme ceux de novembre et de décembre. La nourriture verte convient mieux pour l'allaitement que la nourriture d'hiver, et elle est moins chère.

Les agneaux de novembre et de décembre sont préparés au sevrage par une séparation de plus en plus prolongée de leurs mères. On continue à les bien nourrir.

Le berger activera l'engraissement des agneaux de boucherie, il nourrira très-fortement les mères qui leur donnent de meilleur lait, mais il complètera encore cette alimentation avec du lait de vache mêlé avec de la bouillie de farine de froment, de sarrasin ou de maïs. Six semaines à deux mois de ce régime suffisent pour faire de bons agneaux.

En Beauce, on a l'habitude pour faire de bons agneaux de donner une nourriture plus abondante aux mères, et du son et de l'avoine aux agneaux ; dans les fermes à distillerie ou à sucrerie, on termine l'engraissement des moutons commencé en janvier.

Quant aux bêtes qu'on met actuellement à l'engrais pour être vendues en mai et juin, on les tient à la bergerie pendant tout ce mois, et elles y reçoivent des pulpes, des racines, du regain et un peu de grain ou de tourteaux.

AVRIL

A cette époque où le pâturage redevient le mode d'alimentation principal ou même exclusif, le berger divisera non-seulement les grands troupeaux par sections séparées suivant l'âge, le sexe et surtout la force, mais il divisera aussi les herbages en portions distinctes qu'il fera pâturer successivement, et auxquelles on laisse ensuite un temps de repos nécessaire pour la repousse de l'herbe.

Cette précaution du reste est utile pour tous les herbages pâturés, même pour ceux d'embouche.

Les agneaux venus avant Noël sont sevrés actuellement ; le berger castre les mâles lorsqu'il ne l'a pas fait précédemment ; on continue l'engraissement.

Dans le Midi, où l'on tire un bon parti du lait de brebis, soit par la vente en nature, soit par la confection de fromages estimés, on sèvre naturellement le plus tôt possible pour profiter plus longtemps du lait de la brebis. On remplace le lait chez les agneaux qu'on ne vend pas immédiatement par du grain (maïs, orge) moulu et délayé dans de l'eau tiède, dont on réduit la quantité à mesure que le jeune animal devient plus fort. On y ajoute un peu d'avoine aplatie.

En sevrant les agneaux à un mois, six semaines, ce qui est très-praticable avec une bonne nourriture, on peut faire saillir les brebis de nouveau en octobre, et avoir ainsi deux portées par an. Mais pour cela, il faut avoir affaire à des races vigoureuses : alors on accroît notablement le produit.

MAI.

Dans les localités saines, on peut retrancher à ce moment les aliments secs, du moins par le beau temps. Cependant un peu de paille donnée chaque matin avant la sortie du troupeau est toujours utile. Moyennant cette précaution bien simple et peu coûteuse, le berger peut sans danger faire sortir le troupeau dès 9 heures du matin et même plus tôt ; il rentre à 11 heures pour éviter la chaleur qui nuit aux bêtes à laine plus que la rosée, et il ne sort de nouveau qu'à 3 heures. Ces sorties matinales sont considérées comme utiles contre le sang de rate, surtout en Beauce.

Le berger fera bien attention s'il conduit son

troupeau dans les minettes, les trèfles et les luzernes, de ne l'y faire entrer que quand il sera déjà en partie rassasié, et encore de ne pas l'y laisser séjourner, autrement il s'exposerait aux accidents de météorisation.

On sèvre complétement les agneaux de janvier. Les orges, les avoines trop fortes peuvent leur être abandonnées temporairement ainsi que les pâturages les plus rapprochés de la ferme.

Quant aux agneaux de boucherie dont l'engraissement est presque terminé, on leur continue le lait des mères, les eaux blanches, le grain concassé et le bon foin.

Dans les troupeaux bien nourris, la laine a atteint toute sa longueur, on doit commencer la tonte; ceux qui préfèrent attendre parce qu'ils pensent que les toisons gagnent en poids, ne doivent pas ignorer que la toison gagne en suint et en poussière et non en laine.

C'est vers la fin de mai que les troupeaux transhumants du Midi commencent leurs pérégrinations.

JUIN.

La tonte, qu'on peut effectuer dès la deuxième quinzaine de mai, se fait également dans la première quinzaine de juin. Dans l'intérêt des animaux, il ne faut pas la retarder au delà de cette dernière époque.

Les agneaux nés en février et mars peuvent être sevrés au commencement de juin ou dans la deuxième quinzaine de mai; le berger doit, comme toujours, procéder à cette opération progressivement en séparant de plus en plus les mères des petits.

Pour avoir des animaux forts et bien constitués, le berger ajoutera à la nourriture que les agneaux prennent au pâturage une provende de son et d'avoine; il devra en outre les laisser boire souvent.

C'est vers la fin de ce mois que le sang de rate commence à se manifester dans les contrées où cette maladie a l'habitude de se montrer. Le berger se rappellera les indications que nous avons données pour éviter cette cause de si grande mortalité.

JUILLET.

Quand l'agnelage a eu lieu en décembre et en janvier, il est bon en juillet de séparer les jeunes béliers des agnelles.

La tonte des agneaux tardifs ne doit pas être reculée au delà de cette époque, parce que la laine ne croîtrait plus assez avant l'hiver pour garantir les jeunes bêtes et n'atteindrait pas la longueur désirable pour la tonte suivante.

C'est vers la fin de juillet que commence le parcours des chaumes. Le berger se rappellera que les épis de grains, surtout de blé et de seigle, restés sur terre sont nuisibles aux bêtes à laine.

C'est dans le courant de ce mois qu'a lieu la monte des brebis pour l'agnelage précoce.

AOUT.

La vaine pâture sur chaumes vient fort heureusement suppléer actuellement aux pâturages naturels qui, à cette époque, sont presque toujours desséchés. Mais ce changement de nourriture fort agréable aux moutons par l'abondance et la nouveauté des herbes ne doit s'effectuer qu'avec précaution surtout pour les bêtes nourries jusque-là dans une maigre pâture. Le berger aura donc soin de mener le troupeau dans le pâturage ordinaire avant de le conduire dans les chaumes pour qu'il n'y arrive pas affamé. Cette précaution sera d'autant plus nécessaire, lorsque beaucoup d'épis seront restés sur le sol, que le temps sera humide, qu'il sera tombé beaucoup d'eau et que l'herbe sera salie par la terre.

La monte continue dans ce mois ; mais comme une partie des brebis est déjà saillie, on n'a plus besoin d'un aussi grand nombre de béliers, et on peut en faire un meilleur choix.

SEPTEMBRE.

La monte pour l'agnelage précoce a cessé avec le mois d'août, mais on continue encore pendant quelque temps la ration d'avoine aux béliers pour qu'ils se refassent.

La monte pour l'agnelage tardif ne commence qu'en octobre, mais il est bon de choisir dès à présent les béliers qu'on destine à ce service, de les mettre à part et de leur donner une nourriture fortifiante.

C'est pendant ce mois que les moutons contractent le plus souvent la pourriture : aussi le berger devra-t-il employer les moyens que nous avons indiqués pour éviter cette terrible maladie, dans les départements où elle a l'habitude de sévir.

Le berger peut continuer le parcage sur les terres saines et lorsque les pluies ne sont pas abondantes

OCTOBRE.

On peut encore compter pendant tout ce mois sur le pâturage pour la nourriture des moutons, hormis les jours pluvieux où l'on est obligé de leur donner du sec à l'étable.

La monte pour l'agnelage tardif continue dans ce mois, elle exige plus de béliers que la monte précoce.

Le berger sépare les troupeaux en diverses séries suivant l'âge, le sexe et la destination. Il les conduit encore sur les pâturages et les champs. Dans certains pays les moutons reviennent à la transhumance.

NOVEMBRE.

On termine pendant ce mois la monte pour l'agnelage tardif, c'est-à-dire l'agnelage de mars et d'avril.

L'agnelage hâtif commence au contraire vers la fin de novembre. C'est assez dire que pendant tout le courant du mois, les brebis portières devront être l'objet de soins particuliers du berger et recevoir une nourriture meilleure que toutes les autres bêtes du troupeau.

Dans les départements du Centre et de l'Ouest, le pâturage peut encore fournir pendant ce mois presque toute leur nourriture, mais le berger doit avoir soin de ne pas sortir avant onze heures ou midi et avant d'avoir reçu à la bergerie une bonne affourée de paille qu'on renouvelle à son retour. Dans les pays où règne la pourriture on fera bien de leur donner du tourteau de colza.

Après les fortes pluies, on ne les conduira que sur les terrains gazonnés et sains.

Dans le Nord, on commence à introduire la nourriture d'hiver, car le pâturage offre très-peu de ressources.

Le berger doit aérer de temps en temps la bergerie.

DÉCEMBRE.

L'agnelage hâtif qui a commencé dès le mois de novembre continue et se termine pendant ce mois et réclame les soins constants du berger.

Dans le nord et l'est de la France ainsi qu'en Allemagne, une fois le 15 novembre passé, il n'est plus question qu'exceptionnellement de pâturage, et on compte généralement sur au moins 150 jours pleins de nourriture d'hiver. Il n'en est pas ainsi dans le Midi et même dans l'Ouest, où la température est plus élevée.

Le berger doit avoir soin de garantir la bergerie du froid et de l'humidité, mais il *faut qu'il l'aère* quand il fait soleil ; il ne doit pas négliger de placer à l'intérieur des baquets remplis d'eau si le troupeau ne sort pas. Quand le soleil se montre et que les terres sont sèches, il conduit les troupeaux sur les jachères ou dans les pâturages.

Loi sur les usages ruraux concernant les bergers.

ART. 22. — Dans les lieux de parcours ou de vaine pâture, comme dans ceux où ces usages ne sont point établis, les pâtres et les bergers ne pourront mener les troupeaux d'aucune espèce dans les champs moissonnés et ouverts, que deux jours après la récolte entière, sous peine d'une amende de la valeur d'une journée de travail : l'amende sera double si les bestiaux d'autrui ont pénétré dans un enclos rural.

ART. 23. — Un troupeau atteint de maladie contagieuse, qui sera rencontré au pâturage sur les terres de parcours ou de la vaine pâture autres que celles qui auront été désignées pour lui seul, pourra être saisi par les gardes champêtres, et même par toute personne ; il sera ensuite mené au lieu de dépôt qui sera indiqué à cet effet par la municipalité. Le maître de ce troupeau sera condamné à une amende de la valeur d'une journée de travail par tête de bêtes à laine et amende triple par tête d'autre bétail. Il pourra en outre, suivant la gravité des circonstances, être responsable du dommage que son troupeau aurait occasionné, sans que cette responsabilité puisse s'étendre au delà des limites de la municipalité. A plus forte raison cette amende et cette responsabilité auront lieu, si ce troupeau a été saisi sur les terres qui ne sont point sujettes au parcours ou à la vaine pâture.

ART. 24. — Il est défendu de mener sur le terrain d'autrui des bestiaux d'aucune espèce, et en aucun temps dans les prairies artificielles, dans les vignes, oseraies, dans les plants de câpriers, dans ceux d'oliviers, de mûriers, de grenadiers, d'orangers et arbres du même genre, dans tous les plants et pépinières d'arbres fruitiers, ou autres faits de main d'homme.

L'amende encourue pour le délit sera une somme de la valeur du dédommagement dû au propriétaire. L'amende sera double si le dommage a été fait dans un enclos rural; et suivant les circonstances, il pourra y avoir lieu à la détention de police municipale.

Art. 25. — Les conducteurs des bestiaux revenant des foires, ou les menant d'un lieu à un autre, même dans les pays de parcours ou de vaine pâture, ne pourront les laisser pacager sur les terres des particuliers ni sur les communaux, sous peine d'une amende de la valeur de deux journées de travail en outre du dédommagement, si le dommage est fait sur un terrain ensemencé ou qui n'a pas été dépouillé de sa récolte, ou dans un enclos rural. A défaut de paiement, les bestiaux pourront être saisis et vendus jusqu'à concurrence de ce qui sera dû pour l'indemnité, l'amende et autres frais relatifs; il pourra même y avoir lieu envers les conducteurs à la détention de police municipale suivant les circonstances.

Art. 26. — Quiconque sera trouvé gardant à vue ses bestiaux dans les récoltes d'autrui, sera condamné, en outre du paiement du dommage, à une amende égale à la somme du dédommagement et pourra l'être suivant les circonstances à une détention qui n'excédera pas une année.

Dressage des chiens de berger.

Dans la deuxième leçon de son ouvrage intitulé *Instruction pour les bergers et pour les propriétaires de troupeaux,* Daubenton a traité avec sa haute compétence la question des chiens de berger. Nous n'avons plus aujourd'hui, comme on sait, d'école de bergers, et par conséquent, le dressage des chiens de berger laisse beaucoup à désirer. C'est pourquoi nous avons pensé qu'il serait très utile de faire connaître l'excellente leçon de Daubenton faite par demandes et réponses.

La première question qu'il pose est celle-ci :
Est-il nécessaire que les bergers aient des chiens pour conduire leurs troupeaux?

— Il serait à souhaiter que les bergers pussent se passer de chiens, parce que ces animaux font souvent beaucoup de mal aux troupeaux, mais ils sont nécessaires dans les cantons où l'on rencontre souvent des terres emblavées et exposées aux dégâts. Quand des moutons s'écartent du troupeau, le berger ne peut retenir que ceux qui sont près de lui et à la distance où il peut jeter avec sa houlette de la terre contre eux.

Les chiens aident le berger pour la conduite du troupeau et défendent les moutons contre les loups s'ils sont assez forts.

Dans les pays où les terres sont divisées par grandes soles, il y a toujours beaucoup de terrain en jachère, c'est-à-dire non emblavé; on peut y conduire un troupeau nombreux sans le secours des chiens. Les moutons vont naturellement tous ensemble, ils ne s'écartent du troupeau que lorsqu'ils aperçoivent une pâture qui leur paraît meilleure que celle où ils sont : cet appât est ordinairement trop éloigné des grandes jachères pour les attirer; mais si le troupeau se trouve à l'un des bouts de la jachère, près des terres sujettes à dégât, le berger se tient du côté de ces terres pour les défendre.

Les chiens trop ardents et mal disciplinés se jettent sur les moutons, les mordent, les blessent et leur causent des abcès. Ils épouvantent les brebis pleines et en les heurtant les font quelquefois avorter; ils renversent les bêtes languissantes qui ont peine à suivre le troupeau ; ils les fatiguent toutes et les échauffent en les menant trop vite et trop durement.

Pour empêcher tous ces inconvénients, il ne faut employer à la conduite des troupeaux que des chiens d'un naturel doux, bien appris à ne montrer les dents qu'aux loups, et jamais aux moutons. Un bon chien bien dressé les fera obéir sans leur nuire ; ils s'accoutument à faire d'eux-mêmes ce que le chien leur ferait faire de force. Ils se retirent lorsqu'il s'approche, ils n'avancent pas du côté où ils le voient en sentinelle sur le bord d'un terrain défendu.

Lorsqu'un berger conduit son troupeau devant lui, il peut bien hâter la marche du troupeau et celle des bêtes qui restent en arrière, mais il ne peut pas empêcher que le troupeau n'aille trop vite, ou que des bêtes ne s'en éloignent en le devançant ou en s'écartant à droite et à gauche; il faut qu'il se fasse aider par des chiens. Il les place autour du troupeau, ou il les y envoie pour y faire rentrer les bêtes qui vont trop vite en avant, qui restent en arrière ou qui s'écartent à droite ou à gauche.

Pour que le berger puisse faire exécuter ces différentes manœuvres par ses chiens, il faut qu'il les dresse de jeunesse et qu'il les accoutume à obéir à sa voix. Le chien part à chaque signe et va en avant du troupeau pour l'arrêter, en arrière pour le faire avancer, sur les côtés pour l'empêcher de s'écarter; il reste dans son poste ou revient au berger suivant les signes qu'il entend.

Daubenton indique ensuite comment on doit s'y prendre pour dresser un chien de berger.

Il faut apprendre au chien à s'arrêter et à se coucher, à aboyer, à cesser d'aboyer, à se tenir à côté du troupeau, à en faire le tour, à saisir un mouton par l'oreille au commandement que le berger lui fait de la voix ou de la main.

Comment apprend-on à un chien à s'arrêter ou à se coucher suivant la volonté du berger?

— En prononçant le mot « arrête », on présente au chien un morceau de pain ou d'autre aliment qui le fait arrêter, ou on l'arrête de force ; en répétant cette manœuvre, on l'accoutume à s'arrêter à la voix du berger.

Pour dresser un chien à se coucher lorsqu'on le voudra, il faut le caresser lorsqu'il s'est couché de lui-même, ou après l'avoir fait coucher de force en le prenant par les jambes et prononcer le mot « couche » ; s'il veut se relever trop tôt, on le frappe pour le faire rester.

Lorsqu'il est tranquille, on lui donne à manger et on parvient à le faire obéir en prononçant le mot « couche ».

Comment fait-on aboyer un chien lorsqu'on le veut, et comment l'empêche-t-on d'aboyer?

— On imite l'aboiement du chien, en lui montrant un morceau de pain qu'on ne lui donne que lorsqu'il a aboyé ; ensuite on prononce le mot « aboie ». On l'accoutume aussi à cesser d'aboyer lorsqu'on prononce le mot « paix là », on menace le chien et on le châtie s'il n'obéit pas. On le caresse et on le récompense lorsqu'il a bien obéi.

A quel âge faut-il dresser les chiens pour les bergers?

On commence à dresser les chiens à l'âge de six mois, s'ils ont été bien nourris et s'ils sont forts ; mais s'ils ont peu de force il faut attendre qu'ils aient neuf mois.

Comment apprend-on à un chien à faire le tour d'un troupeau, à le côtoyer, à marcher en avant, à revenir sur ses pas et à rester en place?

— Pour apprendre à un chien à tourner autour du troupeau, il faut jeter en avant du chien une pierre pour le faire courir après, et la jeter encore successivement de place en place jusqu'à ce qu'on ait fait le tour du troupeau, toujours en prononçant le mot « tourne ». C'est aussi en jetant une pierre en avant et ensuite en arrière qu'on dresse le chien à côtoyer le troupeau, en prononçant le mot « côtoie », ou « va » pour le faire aller en avant, « reviens » pour le faire revenir, et « arrête » pour le faire rester en place ; on emploiera d'autres mots pour faire obéir les chiens dans les pays ayant un autre langage.

Comment apprend-on à un chien à saisir un mouton par l'oreille pour le ramener lorsqu'il s'égare, ou pour l'arrêter au milieu du troupeau en attendant le berger?

— On fait tourner un chien autour d'un mouton

qui est seul dans un enclos ; ensuite on met l'oreille du mouton dans la gueule du chien pour l'accoutumer à saisir le mouton par l'oreille, ou on attache un morceau de pain à l'oreille du mouton qui est au milieu du troupeau, alors on

Chien de Beauce.

anime le chien à courir à l'oreille du mouton ; il s'accoutume ainsi à le saisir.

Par cette manœuvre, on apprend au chien à arrêter le mouton que le berger lui montrera dans un troupeau. Les chiens peuvent aussi arrêter les moutons en les saisissant avec la gueule par une jambe de devant ou par une jambe de derrière, au-dessus du jarret, mais ce dernier moyen n'est pas sans inconvénient : souvent le jarret reste engourdi et le mouton boite pendant quelque temps.

Comment le chien fait-il obéir le troupeau?

— En courant dessus, il fait fuir devant lui les premières bêtes qu'il rencontre, et, de proche en

Chien de Brie.

proche, tout le troupeau prend la même route, si le chien continue de le presser.

Lorsqu'une bête n'obéit pas assez vite, à son gré, il s'approche et la menace de la voix.

Lorsque le chien est bien instruit, ne peut-il pas en instruire un autre?

— Il faut moins de temps et de peine pour instruire un jeune chien lorsqu'il en voit un qui sait conduire le troupeau ; le jeune chien veut prendre les mêmes allures, mais il se trompe souvent et ne serait peut-être jamais bien instruit si le berger ne lui apprenait pas les choses que l'exemple de l'autre chien ne peut pas lui faire entendre.

Quelle précaution faut-il prendre lorsqu'on est oblige d'employer un chien mal discipliné qui blesse les moutons?

— Il faut lui casser les dents canines qu'on appelle crochets et qui entreraient profondément dans la chair du mouton lorsqu'il le mordrait.

A cette excellente leçon nous ajouterons quelques autres observations de Tessier.

A six mois on commence à dresser les jeunes; à un an ou à quatorze mois leur éducation est faite.

Tant qu'on cherche à les dresser on aurait tort de les laisser courir avec les autres chiens après les moutons; ils seraient gâtés pour jamais. Le berger les tient en laisse et il les envoie seuls pour qu'ils ne soient pas troublés. Il les corrige chaque fois qu'ils désobéissent et mordent les animaux souvent il est obligé de leur casser les crochets.

Quand il exerce un chien, il se met près du troupeau; peu à peu il s'en éloigne à mesure que le chien se forme; à la fin de quelque distance qu'on lui ordonne de courir il fait ce qu'on lui demande et ne manque pas de partir.

Les chiens comme les autres animaux ont leur caractère, qu'il faut étudier. Il y en a qui veulent être caressés; on n'obtient rien des autres sans les battre. Parmi ceux-ci il s'en trouve de boudeurs qui ne valent rien, parce que si le berger les corrigeait ils le laisseraient dans l'embarras.

Les meilleurs sont ceux qui, après avoir été battus, reviennent caresser leur maître.

J'en ai vu, dit Tessier, qui ne voulaient aller qu'à la droite ou à la gauche du berger. Il fallait que celui-ci se plaçât, à l'égard du troupeau, de manière que l'animal se retrouvât toujours du côté où il était accoutumé d'aller ; c'était un vice d'éducation.

Un chien dans les pays où il y a beaucoup de culture à conserver ne dure pas dix ans, parce qu'il s'énerve de travail. Si la terre est douce, le pâturage étendu et en plaine, il vit plus que dans les cas contraires.

Un bon chien doit savoir ponctuellement ménager le bétail, être très suveillant et même méchant.

Ajoutons qu'un bon chien de berger ne doit pas mordre les bêtes, mais seulement les bourrer.

Lorsque celles-ci sont dans l'abondance, lorsque des pièces de terre un peu étendues leur offrent un bon pâturage, alors elles sont faciles à garder, mais lorsque la faim les presse, lorsque dans le temps qui précède la moisson un troupeau trouve à peine de quoi ne pas mourir de faim, il faut alors que le chien fasse usage de la dent. Souvent deux chiens sont nécessaires, un de chaque côté. Quand ils sont mal nourris, ils ne résistent pas longtemps ; certains chiens prennent les brebis par les oreilles et les déchirent. D'autres les attrapent à l'avant-bras ou au flanc, ce qui cause souvent du mal aux moutons. Un chien, s'il doit mordre, s'attaquera au-dessus du jarret ou sur le cou.

Si le chien ne doit pas mordre, il doit aboyer quelquefois, mais seulement au commandement de son maître. Quand le chien aboie continuellement, les bêtes n'y font plus attention.

Lorsque le chien est bien dressé, si le berger
veut s'absenter, il n'a qu'à intimer ses ordres au
chien, celui-ci maintiendra à lui seul le troupeau.
Les champs qui bordent la route ne subiront
aucun dommage, ils seront préservés, et cela sans
autre défense que l'infatigable activité du chien
qui, tout fier de remplacer son maître, va, vient,
retourne et monte ainsi la garde pendant des
heures entières.

Certains bergers coupent ou plutôt arrachent la
queue de leur chien quand il est jeune ; ils prétendent que lorsqu'il est dépourvu de cet appendice, il fait plus de travail avec moins de fatigue.
Nous croyons que cette mutilation a des inconvénients, car la queue sert en quelque sorte de
balancier et aide le chien dans l'exécution de ses
mouvements.

Terminons en disant que si le berger veut être
bien obéi, il importe qu'il se fasse aimer de ses
chiens. Il doit les caresser toutes les fois qu'ils
remplissent bien leur fonction, quand, voyant les
bêtes commettre un dégât, ils n'attendent pas
qu'on leur dise de les rappeler à l'ordre. Le berger
n'oubliera pas que son chien aime les caresses,
les bonnes paroles et aussi les friandises.

TABLE DES MATIÈRES

FIN DE LA TABLE.

Coulommiers. — Imprimerie Paul BRODARD. — 456-98.

9 782014 038538